Siegfried Keller | Hannes Baur
mit Zeichnungen von Armin Coray

Schlupfwespen

NATUR
HISTORI
SCHES
MUSEUM
BERN

Haupt
NATUR

Siegfried Keller | Hannes Baur
mit Zeichnungen von Armin Coray

SCHLUPF WESPEN

Ihre geheimnisvolle Welt
beobachten und verstehen

Naturhistorisches Museum Bern

Haupt Verlag

Inhaltsverzeichnis

Vorwort

Geht man aufmerksam im Wald oder Feld spazieren, fällt einem sicherlich gelegentlich auf, dass die Blätter von Bäumen, Sträuchern oder Blumen und Kräutern an- oder sogar bis auf Reste der Blattnerven aufgefressen worden sind. Diese Schäden sind zurückzuführen auf die Fraßaktivität der Larven der vielen verschiedenen pflanzenfressenden (=herbivoren) Insektenarten, die unsere heimischen Pflanzen befallen. Warum aber werden die Pflanzen nicht vollkommen aufgefressen? Oder überspitzt formuliert: Warum ist die Welt überhaupt noch grün? Sicherlich kennt fast jeder die Marienkäfer, die als Blattlaus-Vertilger eine große Rolle dabei spielen, dass die Blattlauspopulationen nicht überhandnehmen. Neben dieser großen und diversen Gruppe der Räuber, deren Rolle im Naturhaushalt offenbar ist, gibt es jedoch eine weitere und sehr wichtige Gruppe von natürlichen Gegenspielern der herbivoren Insekten: die parasitoiden Arten. Ein Parasitoid ist «ein Organismus, der sich auf oder in einem anderen Einzelorganismus («Wirt») entwickelt, ihm Nahrung entzieht und ihn als direkte oder indirekte Folge dieser Entwicklung tötet» (Eggleton & Gaston 1990). Diese beiden Gruppen von natürlichen Gegenspielern verhindern, dass sich die herbivoren Insektenarten ungestört vermehren können, und tragen somit dazu bei, dass eine natürliche Kontrolle dieser Populationen möglich ist. Die parasitoide Lebensweise ist offenbar ein Erfolgsmodell, denn sie hat sich in vielen verschiedenen Insektenordnungen entwickelt, so z. B. bei Käfern, Fliegen, Fächerflüglern oder auch bei Köcherfliegen. Am artenreichsten innerhalb der Parasitoiden ist ohne Zweifel die Ordnung Hautflügler, die eine unfassbare Vielfalt an Lebensweisen entwickelt haben. So spielen sie auch eine große Rolle bei der biologischen Schädlingsbekämpfung: Einige Schlupfwespenarten können massenvermehrt werden und sind in

Gewächshäusern zur Kontrolle z. B. von Weißen Fliegen verfügbar. Auch in der klassischen biologischen Kontrollstrategie, bei der Parasitoide aus den Ursprungsländern in die Länder nachgeführt werden, in der sich eine Herbivorenart massenvermehrt, sind Schlupfwespen aufgrund ihrer Wirtsspezialisation sehr erfolgreich einsetzbar.

Im deutschen Sprachgebrauch werden die verschiedenen Familien innerhalb der Hautflügler oft einfach als Schlupfwespen zusammengefasst. Dieser Begriff spiegelt allerdings nicht die taxonomische Einordnung und Diversität der Familien und Arten wider, subsumiert der Begriff doch z. B. Brackwespen, Erzwespen, Zehrwespen, Gallwespen und Gichtwespen. Viele Arten sind winzig klein und mit den Augen kaum zu sehen; gleichzeitig existieren für viele Arten noch erhebliche Wissenslücken zu den speziellen Wirtsbeziehungen.

Es ist daher sehr zu begrüßen, dass die Autoren mit dem vorliegenden Buch die Bedeutung der Schlupfwespen zusammenfassend und reich bebildert beschreiben. Sie schließen damit eine große Lücke, kann sich der Leser doch einen umfassenden Überblick über diese faszinierenden Insekten und ihre spezielle Lebensweise verschaffen. Vielleicht tragen die präzisen Informationen und die beeindruckenden Bilder ja auch dazu bei, dass der eine oder die andere angeregt wird, sich mit diesen besonderen Insektenarten näher zu beschäftigen.

Göttingen, Juli 2024

Prof. i. R. Dr. Stefan Vidal
Department für Nutzpflanzenwissenschaften
Abteilung Agrarentomologie
Georg-August-Universität Göttingen

Einleitung

Wer an Wespen denkt, dem kommen vor allem die gelb-schwarz gefärbten Tiere in den Sinn, die eine Grillparty oder das Essen im Freien vermiesen können. In Mitteleuropa sind dafür aber nur zwei Arten verantwortlich: die Deutsche und die Gemeine Wespe. Zudem haftet an ihnen und einigen ihrer nächsten Verwandten der Ruf, sie seien aggressiv und gefährlich. Diese tatsächlichen und angeblichen Eigenschaften haben das Ansehen einer riesigen Insektengemeinschaft in Verruf gebracht. Diesen schlechten Ruf der Wespen zu korrigieren, ist ein wesentliches Anliegen dieses Buches.

Die Wespen bilden zusammen mit den Bienen und Ameisen die Ordnung Hautflügler (Hymenoptera). Weltweit sind über 150 000 Arten bekannt. Mehr bekannte Arten weisen nur die Käfer (Coleoptera) auf. Im Gegensatz aber zu den Käfern sind die Hautflügler schlecht erforscht. Die Wissenschaftler gehen davon aus, dass nur ein Bruchteil der Hautflügler bekannt ist, sie schätzen ihre Artenzahl auf 500 000–1 000 000, davon über 90 % Schlupfwespen (Forbes et al. 2018). Der Hauptgrund für diese Diskrepanz ist die Größe. Bei den Hautflüglern gibt es außerordentlich viele winzig kleine Arten, die schon aus diesem Grund der Aufmerksamkeit entgehen. Dazu kommt, dass sie vorwiegend andere Insekten parasitieren und auch wegen dieser Lebensweise selten sind. Ein anderer Ansatz geht davon aus, dass rund 20 % der Insekten parasitische Hautflügler sind (Godfray 1994).

Über den Ursprung der Hautflügler ist wenig bekannt, da nur größere Arten als Versteinerungen erhalten geblieben sind. Dagegen gibt es zahlreiche Funde von Wespen, auch winzige, die in Bernstein eingeschlossen sind. Als besonders reichhaltig erweist sich Bernstein aus Myanmar und China, der während der Kreidezeit (vor 145–66 Mio.

Jahren) gebildet wurde. Die Tiere, die damals im Harz von Pflanzen ertranken, sind derart gut erhalten, dass sie detailliert beschrieben und klassifiziert werden können (Lepeco et al. 2022).

Hinter der deutschen Bezeichnung «Wespen» steckt alles andere als ein einheitlicher Insektentyp. Neben reinen Pflanzenfressern gibt es welche, die andere Insekten parasitieren oder sich räuberisch von anderen Insekten oder Spinnen ernähren. Auch ist die Formen- und Farbenvielfalt sehr ausgeprägt und reicht von eintönigem Schwarz bis zum vielfarbigen Schillern der Goldwespen. Unter den Hautflüglern findet sich auch das kleinste bekannte Insekt, eine Zwergwespe mit einer Körperlänge von rund 0,14 mm, der größte Hautflügler ist eine nordamerikanische Riesenschlupfwespe mit rund 170 mm Länge, also rund 1200-mal größer. Die große Mehrheit der Hautflügler lebt als Einzelgänger (solitär), eine Minderheit ist staatenbildend (sozial). Von den solitären Hautflüglern lebt die große Mehrheit parasitisch von anderen Insekten oder Spinnen. Dies ist von großer ökonomischer und ökologischer Bedeutung, sind sie doch zusammen mit anderen insektenfressenden Organismen, den sogenannten Entomophagen, dafür verantwortlich, dass pflanzenfressende (phytophage) Insekten sich nicht beliebig vermehren können.

Wespen besiedeln unterschiedlichste Lebensräume und haben verschiedene Beziehungen zu den Menschen. Wie eingangs erwähnt, können sie lästig werden oder als Untermieter in menschlichen Behausungen leben. Was aber besonders wichtig ist: Unzählige Arten sind als Helfer der Menschen tätig, indem sie meist unbemerkt land- und forstwirtschaftliche Kulturen vor Schädlingen schützen. Diese Fähigkeit weiß auch der Mensch zu nutzen, indem er parasitische Wespen gezielt zur Schädlingsbekämpfung einsetzt. Mit diesem Buch sollen deshalb die kaum bekannten Schlupfwespen einer breiteren Öffentlichkeit vorgestellt werden.

Der Text behandelt auch Besonderheiten, die sich bei Schlupfwespen entwickelt haben: Das sind neben anatomischen Anpassungen vor allem Bereiche der Fortpflanzung wie die verschiedenen Arten der Parasitierung und der Symbiose mit Viren und Mikroorganismen. Die zahlreichen Fotos belegen das vielseitige Erscheinungsbild der Wespen, aber auch spezielle Verhaltensweisen, von denen einige nicht bekannt waren oder zumindest noch nicht dokumentiert wurden. Ergänzt wird das Buch mit Hinweisen, wo sich Schlupfwespen und ihre Opfer in ihrem natürlichen Lebensraum beobachten lassen.

Anmerkungen zu den Fotos von Siegfried Keller

Die Mehrheit der Aufnahmen entstand zwischen 1970 und 2005, in einer Zeit also, als digitale Aufnahmetechniken noch unbekannt waren oder allenfalls in den Anfängen steckten. Das Problem damals war das Licht. Die üblichen Diapositivfilme hatten eine Empfindlichkeit im Bereich von 100 ISO. Trotz Verwendung eines Blitzlichtes konnte nur eine geringe Schärfentiefe erzielt werden. Und nach 36 Bildern war ein Filmwechsel nötig – meistens im spannendsten Moment. Bei den modernen Kameras sind Empfindlichkeit, Auflösungsvermögen und Speicherkapazität keine Probleme mehr. Ferner ermöglichen sie Serienaufnahmen und ultrakurze Belichtungszeiten. Das Tüpfelchen auf dem i aber ist das *focus stacking*, mit dem das Schärfentiefen-Problem gelöst ist und das unglaublich schöne Insektenfotos erlaubt – allerdings nur von bewegungslosen Tieren.

Für die damaligen Aufnahmen verwendete ich Spiegelreflexkameras der Marke Pentax, hauptsächlich Pentax ME und Pentax MZ-M. Als Objektive dienten zwei Novoflex-Objektivköpfe mit den Brennweiten 105 mm und 60 mm, die auf ein Novoflex-Balgengerät, später auf einem Pentax-Balgengerät montiert waren. Kleinstinsekten von ca. 1–4 mm Länge fotografierte ich mit einem Zeiss Luminar-Lupenobjektiv, das mit einem eigens angefertigten Adapter ebenfalls auf die Balgengeräte geschraubt werden konnte. Der Filmtransport erfolgte anfänglich manuell, später automatisch. Für die Beleuchtung verwendete ich anfänglich ein normales Blitzgerät, wegen der störenden Schlagschatten stellte ich aber bald auf einen Ringblitz um. Als Standardfilm diente der Kodachrome 21. Speziell für Kleininsekten verwendete ich wegen der höheren Empfindlichkeit gelegentlich Ektachrome-Filme. Dazwischen experimentierte ich auch mit anderem Filmmaterial. Für die neueren digitalen Fotos verwendete ich eine Canon EOS 60D mit oder ohne Blitz.

Praktisch alle Aufnahmen entstanden im Freiland ohne Stativ oder anderes störendes Zubehör. Ausnahmsweise sammelte ich Schlupfwespen und ihre Wirte ein, um sie zu Hause in einer umgebungsgerechten Arena beim Parasitierungsvorgang fotografieren zu können. Bei den Aufnahmen ging es mir weniger um die Darstellung der Tiere per se, sondern um die Dokumentation von Lebens- und Verhaltensweisen. In meiner insektenfotografischen Tätigkeit nehmen deshalb Bilder von parasitischen und räuberischen Insekten eine zentrale Rolle ein. Besonders faszinierten mich die parasitischen und räuberischen Wespen mit ihrer Formen- und Verhaltensvielfalt. Wichtig ist mir, darauf hinzuweisen, dass alle fotografierten Insekten nach dem «Shooting» ihr gewohntes Leben fortsetzen konnten und dass kein Insekt durch meine Tätigkeit körperlichen Schaden nahm. Ausnahmen bildeten einzig einige aufgeschnittene Gallen. Das hat den Nachteil, dass von den fotografierten Wespen keine Belegexemplare für eine taxonomische Bestimmung existieren. Die Identifizierung musste deshalb anhand der Fotos erfolgen, was sich oftmals als schwierig erwies und in vielen Fällen nicht bis auf Artniveau möglich war (siehe auch Kapitel 8 «Verdankungen»).

Die Dias sind im Bildarchiv der ETH-Bibliothek deponiert und in digitaler Form zugänglich (E-Pics Tiere, Pflanzen und Biotope).

I | Was sind Schlupfwespen?

1.1 | Die Evolution der Hautflügler (Hymenoptera)

Die Hautflügler sind eine Ordnung innerhalb der holometabolen Insekten, die ca. 85 % aller Insekten ausmachen und auch die artenreichen Käfer, Schmetterlinge, Fliegen und Mücken, Netzflügler, Köcherfliegen etc. enthalten. Es sind die Insekten mit einer vollkommenen Entwicklung, die über Ei, Larve, Puppe zum adulten Insekt erfolgt. Die Metamorphose gilt als eine der wichtigsten Innovationen in der Evolution der Insekten (Grimaldi & Engel 2005).

Die Hautflügler sind in Übereinstimmung mit allen moderneren molekulargenetischen Studien (Peters et al. 2014, siehe auch Zhang et al. 2024) an der Basis der Holometabola zu finden. Es sind die nächsten Verwandten, im Fachjargon die Schwestergruppe, zu einem Zweig im holometabolen Stammbaum, der alle anderen Ordnungen enthält. Sie gelten als sogenanntes Monophylum bzw. als monophyletisch, also als eine natürliche Gruppe, die auf einen nur ihnen gemeinsamen Vorfahren zurückzuführen ist. Dieser ist wohl bereits im geologischen Zeitalter des Perm vor 300–250 Mio. Jahren entstanden (Misof et al. 2014), also deutlich vor den Protagonisten im Film Jurassic Park. Die Entwicklung der Hautflügler ist seit der Trias (250–200 Mio. Jahre) durch Fossilien im Gestein und Bernstein gut belegt (Grimaldi & Engel 2005).

Im Bauplan sind Hautflügler noch recht ursprüngliche Insekten, mit beißenden Mundwerkzeugen und zwei Paar häutigen Flügeln, daher auch der Name «Hautflügler». Aber genau dort befindet sich eines der wichtigsten Merkmale in stammesgeschichtlicher Hinsicht. Es sind spezielle Häkchen am Vorderrand des Hinterflügels, die Hamuli (siehe auch «Morphologie»). Diese sind eine sogenannte Synapomorphie, also ein Merkmal, das nur die Hautflügler besitzen und sie als monophyletisch ausweisen. Das ist so bedeutsam, dass die International Society of Hymenopterists (ISH) ihren Newsletter «Hamuli» getauft hat!

Stammbaum der Hautflügler, stark vereinfacht nach Blaimer et al. (2023) bzw. Cruaud et al. (2024; Erzwespen). Bei den Schlupfwespen (Parasitica) sind nur die Familien enthalten, die im Buch näher vorgestellt werden. Ein grüner Punkt bezeichnet diejenigen Gruppen, bei denen zumindest einige Vertreter sekundär wieder zu phytophager Lebensweise übergegangen sind. Ein blauer Punkt markiert den sekundären Übergang zu räuberischer Lebensweise.

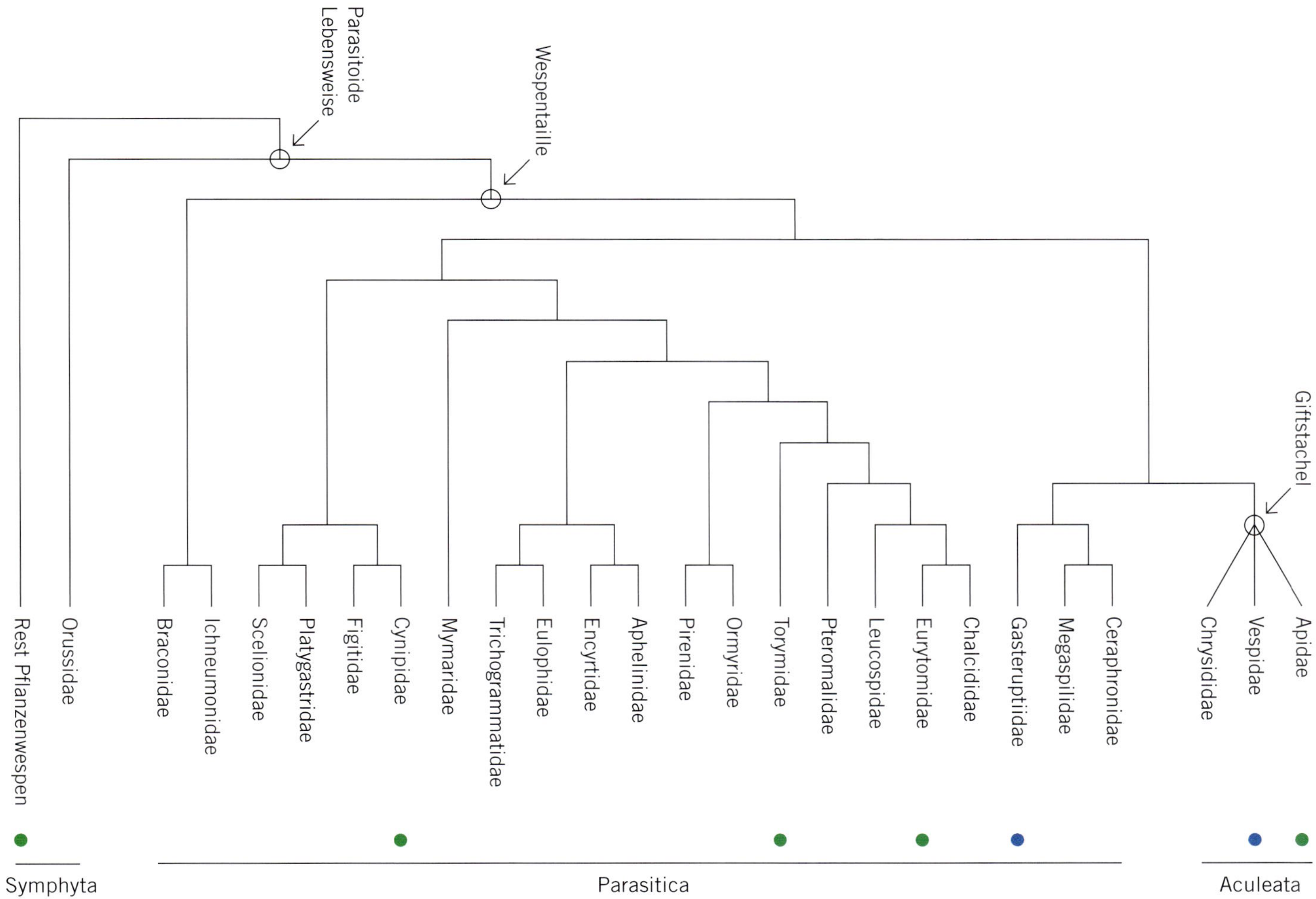
Parasitoide Lebensweise
Wespentaille
Giftstachel
Rest Pflanzenwespen
Orussidae
Braconidae
Ichneumonidae
Scelionidae
Platygastridae
Figitidae
Cynipidae
Mymaridae
Trichogrammatidae
Eulophidae
Encyrtidae
Aphelinidae
Pirenidae
Ormyridae
Torymidae
Pteromalidae
Leucospidae
Eurytomidae
Chalcididae
Gasteruptiidae
Megaspilidae
Ceraphronidae
Chrysididae
Vespidae
Apidae
Symphyta
Parasitica
Aculeata

Innerhalb der Hautflügler ist es zu weiteren Innovationen hinsichtlich Morphologie und Verhalten gekommen, welche im stark vereinfachten Stammbaum nach Blaimer et al. (2023) bzw. Cruaud et al. (2024; Erzwespen) dargestellt sind (Abb. S. 15). Das Diagramm gibt nur eine von diversen neueren Stammbaumhypothesen wieder (siehe Diskussion in Zhang et al. 2024). Aus den ursprünglichen, rein pflanzenfressenden Hautflüglern, den Pflanzenwespen (Symphyta), ist ein Zweig, die Familie Orussidae, zu parasitoider Lebensweise übergegangen. Davon abgetrennt hat sich eine Gruppe, die Taillenwespen (Apocrita), aus der sich später alle übrigen Hautflüglerfamilien entwickelt haben. An deren Basis ist es jedoch zur Entwicklung der Wespentaille gekommen (siehe auch Abschnitt «Morphologie»). Diese erlaubt in erster Linie eine weit größere Beweglichkeit, was bei der Ablage von Eiern in agile Wirte von großem Vorteil ist. Man denke hier nur an die akrobatischen Verrenkungen einer Riesenschlupfwespe (*Rhyssa persuasoria*, Ichneumonidae) bei der Eiablage. Erst später ist es dann bei den Stechimmen (Aculeata) zur Umwandlung des Legebohrers in einen Giftstachel gekommen. Was im Stammbaum nun übrig bleibt, sind die Schlupfwespen (Parasitica), denen dieses Buch gewidmet ist. Diese sind kein Monophylum, haben also keinen nur ihnen gemeinsamen Vorfahren. Man sagt, sie seien ein Paraphylum bzw. paraphyletisch. Dies wird deutlich im Stammbaum, wo der Zweig mit den Ceraphronidae, Megaspilidae und Gasteruptiidae – obwohl noch im Besitz eines Legebohrers – näher mit den Stechimmen verwandt ist als mit irgendeinem der übrigen Schlupfwespen.

Der Stammbaum zeigt schließlich auf, dass die parasitoide Lebensweise, also das Schmarotzen an anderen Insekten und Spinnentieren, ein Erfolgsmodell geworden ist, das vom weitaus größten Teil der Arten übernommen wurde. Dennoch sind bei einigen Familien gewisse Gruppen sekundär wieder zu pflanzenfressender Ernährung übergegangen, wobei – mit Ausnahme der Gallwespen (Cynipidae) – dies oft nur für einen Bruchteil der Arten gilt. Einige weitere Familien, auch bei den Stechimmen, sind zu kleptoparasitischer oder räuberischer Lebensweise übergegangen.

1.2 | Morphologie und Bestimmung

Wie bei allen adulten Insekten ist der Körper der Wespen dreigeteilt in Kopf, Brust (Thorax) und Hinterleib (Abdomen). Der Kopf ist vom Rest des Körpers deutlich abgesetzt und beweglich. Während bei den Pflanzenwespen Brust und Hinterleib nur undeutlich getrennt sind, ist dies bei den Taillenwespen (Apocrita) in den meisten Fällen sehr ausgeprägt und auf eine spezielle Umwandlung der Körperteile zurückzuführen (siehe unten). Die wichtigsten Merkmale sind in der Abb. auf S. 19 festgehalten.

Der Kopf trägt die wichtigsten Sinnesorgane: die Augen und die Fühler. Die beiden Augen sind Komplexaugen und bestehen aus einzelnen Facetten. Sie können Formen und Farben erkennen; zumindest bei Honigbienen und bei Ameisen ist bekannt, dass sie sich auch nach Polarisationsmustern orientieren können. Neben den Komplexaugen befinden sich auf Stirn und Scheitel noch drei Punktaugen (Ocellen). Die Fühler (Antennen) tragen verschiedene Sinneszellen, mit denen sie Gerüche und andere Reize wahrnehmen können. Sie bestehen aus zahlreichen Gliedern und sind bei vielen kleinen Schlupfwespen (etwa Chalcidoidea, Ceraphronoidea, Platygastroidea) gekniet, also mit langem Schaft (Scapus), oder ungekniet (Abb. S. 19), mit nur kurzem Schaft. Die Mundwerkzeuge der Wespen sind beißend-kauend und bestehen aus dem Oberkiefer (Mandibeln), dem Unterkiefer (Maxillen), dem Kinn (Submentum) und der Oberlippe (Labrum). Die Mandibeln sind kräftig und mit Zähnen versehen. Sie werden meist von außen nach innen und umgekehrt bewegt und dienen zum Zerkleinern der Nahrung. Die Maxillen sind mit Tastern versehen und für das Erkennen der Nahrung wichtig. Teile des Submentums sind bei den Bienen zum Saugrüssel umgestaltet. Die Oberlippe schließlich bedeckt in Ruhelage häufig die übrigen Mundwerkzeuge.

Der Thorax besteht aus drei Segmenten. Jedes Segment trägt ein Paar Beine, die aus Hüfte (Coxa), 1–2 Schenkelringen (Trochantere), Schenkel (Femur), Schiene (Tibia) und Fuß (Tarsus) bestehen. Der Fuß wiederum besteht aus 3–5 Gliedern und endet gewöhnlich mit zwei Krallen. Die beiden hinteren Thoraxsegmente tragen die Flügel (Alae). Sie werden in Ruhelage dem Körper angelegt, der Vorderflügel bedeckt dabei den kleineren Hinterflügel. Die Vorderflügel weisen in der äußeren Hälfte des vorderen Randes bei einigen Gruppen eine Verdickung auf, die als dunkler Fleck erscheint, das sogenannte Flügelmal (Pterostigma). Die Hinterflügel tragen an der Vorderkante eine kurze Reihe von Häkchen, die Hamuli, die sich beim Flug mit dem Vorderflügel verhaken, sodass beide Flügel synchron schlagen. Die meist glasklaren, häutigen Flügel werden im Innern durch die Flügeladern gestützt. Während große Schlupfwespen (Ichneumonidae, Gasteruptiidae) wie Pflanzenwespen (Symphyta) und die Stechimmen (Aculeata) ein reichhaltiges Geäder aufweisen, ist es bei vielen kleinen Schlupfwespen (Cynipidae, Pteromalidae) reduziert und besteht oft nur noch aus einer einzigen Ader. Manchmal fehlt es ganz wie bei den Zwergwespen (Mymaridae). Bei diesen Familien sind die Flügel zudem oft lang bewimpert. Zahlreiche Schlupfwespen sind komplett flügellos.

Der Hinterleib besteht bei den ursprünglichen Insekten aus 11 Hinterleibssegmenten (Tergite). Bei den Wespen ist die Anzahl der Segmente reduziert. Typisch für die Schlupfwespen und Stechimmen ist die Wespentaille, die vom schlanken, stielartig verlängerten zweiten Hinterleibssegment gebildet und oft als Stielchen (Petiolus) bezeichnet wird. Das erste Hinterleibssegment ist dagegen in das Propodeum umgewandelt, das fest mit dem Thorax verwachsen ist und mit diesem zusammen das Mesosoma bildet. Die dem Stielchen folgenden Segmente bilden den Gaster, zusammen bilden sie das Metasoma (aber aufgepasst: Bei vielen Gruppen innerhalb der Ichneumonoidea wird keine Differenzierung in Stielchen und Gaster gemacht, weil das 1. Segment oft kaum stielförmig ausgebildet ist; man spricht hier nur von Metasomalsegmenten). Die letzten Segmente oder Teile davon sind zu den äußeren Geschlechtsorganen umgewandelt, bei den Weibchen zum Legebohrer oder zum Giftstachel, bei den Männchen zum Penis.

Der Legebohrer liegt in Ruhelage oft weitgehend im Gaster verborgen. Bei vielen Schlupfwespen kann der Legebohrer deutlich länger sein als der Körper. Das Maximum erreicht eine Brackwespe mit einem Legebohrer, der das Achtfache der Körperlänge erreicht (Quicke 2015). Der Legebohrer ist dreiteilig (Gauld & Bolton 1988). Die unteren beiden Teile sind aus Anhängen des achten Segmentes hervorgegangen, der obere Teil aus Anhängen des neunten Segmentes. Die unteren Teile sind so ineinander verfalzt, dass sie zwar miteinander verbunden sind, sich aber durch Muskeln an ihrer Basis der Länge nach gegeneinander verschieben lassen. Dieser Mechanismus erlaubt es den Schlupfwespen, mit dem Legebohrer durch Pflanzenmaterial hindurch an ihre Wirte zu gelangen. Die drei Teile, auch als Valven bezeichnet, umschließen einen Hohlraum, den Eikanal, durch den die Eier bei der Ablage gleiten. Alle Valven weisen in ihrem Innern weitere Hohlräume auf, die von Nervenfasern durchzogen sind und in denen Blut zirkuliert. Bei vielen Wespen ist der Stachel in Ruhelage von einer Scheide umhüllt, die ebenfalls aus Teilen des neunten Segmentes stammt. Die Spitzen der Valven und die Spitze der Scheide sind mit empfindlichen Sinnesorganen versehen (Quicke 2015).

Für das Bestimmen von Wespen sind grundsätzlich alle Strukturen sowie auch ihre Färbung wichtig, doch gibt es einige Strukturen von größerer taxonomischer Bedeutung. Dazu gehören die Fühler mit ihrer Form und der Zahl der Glieder, das Flügelgeäder und die Beine. Oftmals müssen zur Abgrenzung von Arten auch spezielle Merkmale wie die Skulptur der Haut (Integument) zu Hilfe genommen werden, was nur mithilfe eines Mikroskops möglich ist, vor allem bei kleinen und winzigen Arten. Mit bloßem Auge können auch Fachleute nur die größeren Arten bestimmen. Neuerdings werden auch zunehmend genetische Marker benutzt, sowohl zum Bestimmen von Kleinstinsekten wie auch zur Abklärung der Verwandtschaft und Abstammung.

Für die Bestimmung der Wespenfamilien eignen sich u.a. Goulet & Huber (1993), Baur & Klopfstein (2007), Broad et al. (2018), Baur & Neumann (2024), Heraty & Woolley 2025), van Noort & Broad (2024).

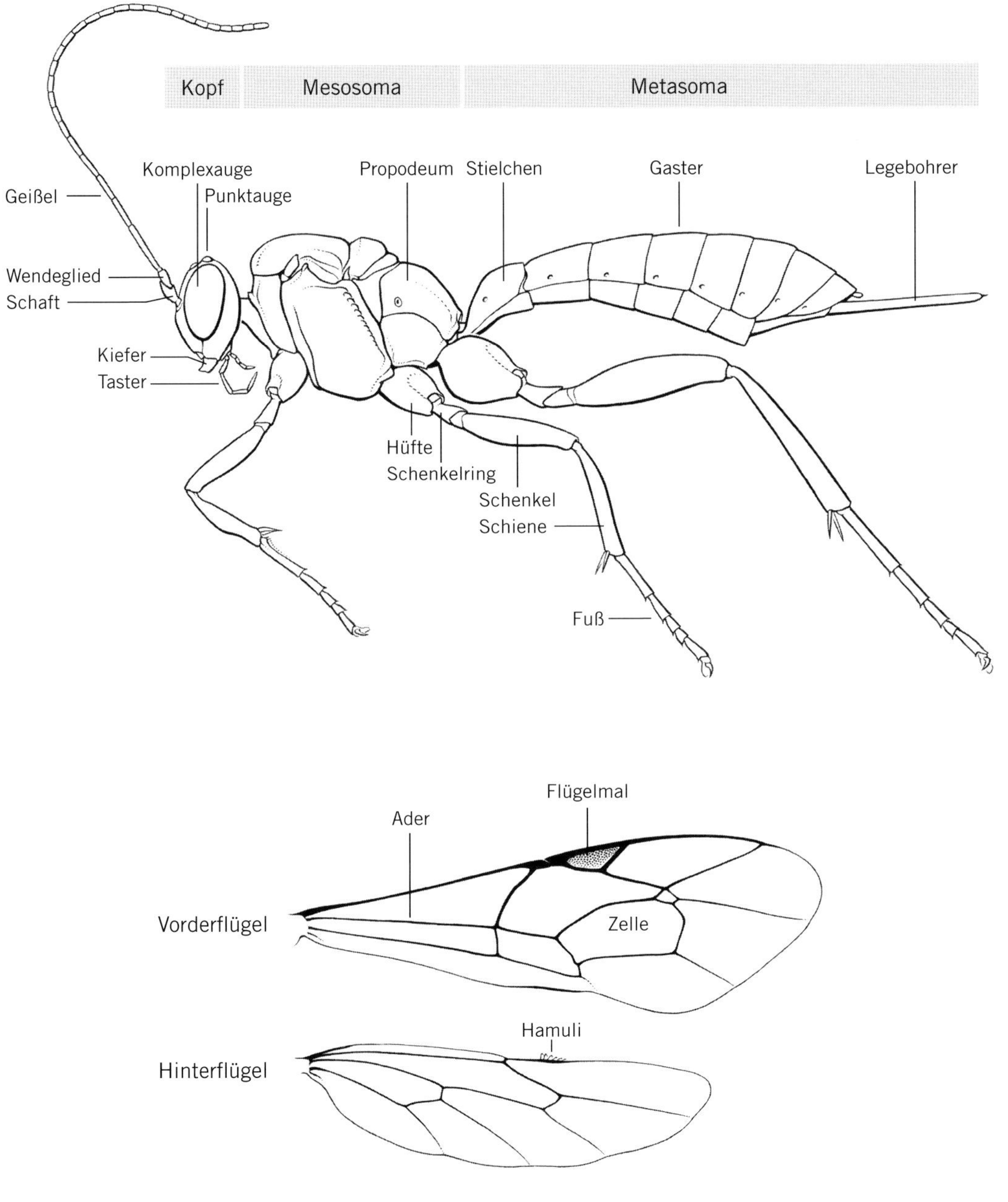

Bezeichnung der wichtigsten Körperteile am Beispiel einer Darwinwespe. Für weitere Informationen siehe Abschnitt «Morphologie».

1.3| Anatomie

Da das Außenskelett dem Wespenkörper die benötigte Festigkeit gibt, fehlen im Innern stützende Elemente entsprechend den Knochen der Wirbeltiere. Die inneren Organe liegen deshalb mehr oder weniger frei in der Körperhöhle. Eine stabilisierende Funktion übernehmen die Muskeln und die Tracheen, die über segmental angeordnete Atemöffnungen (Stigmen) mit der Außenwelt verbunden sind. Die Tracheen sind für den Gasaustausch verantwortlich und gehen zum Teil feste Verbindungen mit Organen ein. Sie sind besonders dicht im Brustbereich angeordnet, wo sie die Flug- und Beinmuskulatur mit Sauerstoff versorgen müssen.

Die drei dominierenden Organe im Insektenkörper sind Herz (Rückengefäß), Verdauungstrakt und Nervensystem. Wie alle Insekten haben auch die Wespen ein offenes, schlauchförmiges Herz, das sich über Hinterleib und Brust erstreckt und im Kopf endet. Das Blut wird durch rhythmische Kontraktionen von hinten nach vorn transportiert und strömt anschließend frei durch den Körper wieder zurück. Das Insektenblut (Hämolymphe) ist bei fast allen Insekten farblos und enthält die Blutkörperchen (Hämozyten). Es versorgt die Organe nicht nur mit Sauerstoff, sondern ist auch an verschiedenen Austauschprozessen beteiligt. Manche Insekten haben die Fähigkeit, bei Berührungen Blut an bestimmten Körperstellen herauszupressen. Dieses sogenannte Reflexbluten, in der Regel an Beingelenken, dient der Abwehr von Feinden.

Der Verdauungstrakt (Darm) beginnt beim Mund und endet mit dem After. Er ist in einen Vorderdarm, Mitteldarm und Enddarm unterteilt. Der Vorderdarm hat bei vielen Insekten eine Erweiterung. Bei den Bienen wird diese als Honigmagen bezeichnet, in dem die Umwandlung des Nektars zu Honig stattfindet. Im Vorderdarm findet bei fressenden, jedoch nicht bei saftsaugenden Insekten die Zerkleinerung der Nahrung statt. Der Mitteldarm ist oft mit Ausstülpungen versehen, die symbiotische Mikroorganismen enthalten, die den Verdauungsprozess unterstützen. Der Übergang des Mitteldarms in den Enddarm ist durch die Einmündung der Malpighischen Gefäße, der Ausscheidungsorgane, gekennzeichnet sowie durch einen Ringmuskel. Dieser trennt die beiden Darmabschnitte und lässt den Nahrungsbrei portionsweise durch. Im Enddarm werden die unverdaulichen Nahrungsreste eingedickt. Die Kotballen werden in der anschließenden Rektalblase gebildet und durch kräftige Muskeln ausgestoßen. Viele Insekten besitzen in der Aftergegend Drüsen, aus denen ein übel riechendes Sekret ausgestoßen werden kann.

Das Nervensystem ist in seiner ursprünglichen Ausprägung mit einer Strickleiter zu vergleichen. Zwei Nervenstränge verlaufen parallel auf der Bauchseite durch den ganzen Körper. Jeder Nervenstrang weist in jedem Segment eine Verdickung auf, die Ganglien (Nervenknoten). Die beiden im gleichen Segment liegenden Ganglien sind miteinander verbunden und innervieren in erster Linie die ihnen anliegenden Organe. Die größten Ganglien liegen im Kopf. Die oberhalb der Mundöffnung liegenden Ganglien sind verschmolzen und bilden als sogenanntes Oberschlundganglion gewissermaßen das Gehirn. Es ist direkt mit den Augen, den Fühlern und weiteren Sinnesorganen verbunden. Die unterhalb der Mundöffnung liegenden Ganglien sind ebenfalls verschmolzen. Sie bilden das Unterschlundganglion und stehen mit der Nahrungsaufnahme in enger Verbindung. Von den Ganglien gehen Nervenbahnen in alle Körperteile. Einerseits nehmen sie Reize von den über den ganzen Körper verteilten Sinneszellen auf, andererseits steuern sie die Muskulatur.

Im Innern des Abdomens liegen die Geschlechtsorgane. Sie bestehen aus den paarigen Keimdrüsen. Bei den Männchen sind es die Hoden, die aus einzelnen Follikeln bestehen, in denen die Samenzellen gebildet werden. Die Hodenfollikel münden in den Samenleiter. Von hier gelangt das Sperma durch den unpaarigen Samengang zum Paarungsorgan (Aedeagus, Penis). Bei den Weibchen setzen sich die paarigen Ovarien aus einer unterschiedlichen Zahl von Ovariolen zusammen, in denen die Eibildung stattfindet. Dort, wo sich ihre Ausgänge zum unpaarigen Eileiter vereinigen, befindet sich die Calyxdrüse (eine Geschlechtsanhangsdrüse). Diese ist bei den Darwinwespen (Ichneumonidae) und den Brackwespen (Braconidae) blasenartig erweitert. In ihren Zellen vermehren sich die Polydnaviren, die bei der Eiablage in das Opfer injiziert werden und dort das Immunsystem unterdrücken. In den Eileiter münden Anhangsdrüsen, die das Ei mit Sekreten umhüllen, sowie bei den Schlupfwespen der Ausgang der Giftdrüse. Bei den Stechimmen sind Giftdrüse und der zum Giftstachel umfunktionierte Legebohrer vom Geschlechtsapparat getrennt. Der Eileiter ist ferner mit der Samenblase verbunden, in der das Sperma über einen längeren Zeitraum gelagert werden kann. Bei den Hautflüglern ist die Samenblase mit Muskeln so verschlossen, dass sie es dem Weibchen ermöglichen, wahlweise befruchtete oder unbefruchtete Eier zu legen beziehungsweise weibliche oder männliche Nachkommen zu zeugen. Der Eileiter schließlich mündet in die Vagina oder bei den Schlupf- und Pflanzenwespen im Legebohrer.

Zu den wichtigen Organen zählt schließlich auch die Muskulatur, mit der nicht nur die Körperanhänge wie Beine, Flügel, Fühler oder Mundteile bewegt werden, sondern die auch für die Darm- und Herzperistaltik verantwortlich ist. Im Leben der Wespen wie auch der übrigen Insekten sind Pheromondrüsen wichtig, die sich an verschiedenen Körperstellen befinden (Möhl 1985). Die bekanntesten Pheromone sind die Sexuallockstoffe, mit denen die Weibchen die Männchen zum Teil über große Distanzen anlocken. Weitere andere Pheromone existieren, zum Beispiel zur Markierung des Territoriums oder der Eiablagestellen.

1.4| Fortpflanzung und Entwicklungsstadien

Die Schlupfwespen pflanzen sich auf geschlechtlichem Weg fort, das heißt, es gibt Männchen und Weibchen. Diese unterscheiden sich nicht nur in den inneren und äußeren Geschlechtsorganen, insbesondere dem bei vielen Weibchen gut sichtbaren Legebohrer. Aufgrund der Tatsache, dass sich im weiblichen Abdomen die Eier entwickeln, ist dieser Körperteil deutlich besser entwickelt als bei den Männchen, die meist über einen schlanken Hinterleib verfügen. Grundsätzlich sind die Männchen kleiner, agiler und beweglicher als die Weibchen, da ihnen die Aufgabe zufällt, aktiv nach den Weibchen zu suchen. Das hat zu körperlichen Anpassungen geführt.

Bei der Suche nach Weibchen spielen Duftstoffe (Pheromone), die vom Weibchen an die Luft abgegeben werden, eine wichtige Rolle. Die Rezeptoren für die Pheromone befinden sich an den Fühlern. Männchen haben deshalb oft größere und komplexere Fühler als die Weibchen. Für das Auffinden der Weibchen spielt auch das Sehvermögen eine Rolle, weshalb Männchen oft über größere Augen verfügen als die Weibchen. In der Regel sind die Männchen auch die besseren Flieger und besitzen etwas größere Flügel. Geschlechtsunterschiede können ebenso an den Beinen auftreten, besonders an den Vorderbeinen, mit denen sich die Männchen während der Paarung an die Weibchen klammern.

Hat ein Männchen ein Weibchen gefunden, so stürzt es sich gewöhnlich aus dem Flug auf das Weibchen, umklammert es und leitet die Paarung ein. Dieser Akt kann einige Sekunden oder mehrere Minuten dauern. Dabei deponiert das Männchen sein Sperma in der Samenblase des Weibchens. Oft buhlen mehrere Männchen um die Gunst eines Weibchens, was unter den Rivalen zu Auseinandersetzungen führen kann. Die meisten Wespenweibchen paaren sich nur einmal und tun das mit besonderen Pheromonausscheidungen kund. Trotzdem unternehmen die Männchen weitere Paarungsversuche, was aber oft zu heftiger Gegenwehr führt. Aus der einmaligen Begattung steht dem Weibchen genügend Sperma für den Rest des Lebens zur Verfügung. Reicht der Spermavorrat jedoch nicht, kann eine zweite Paarung erfolgen.

Bei den meisten Insekten erfolgt die Geschlechtsbestimmung wie bei den Säugetieren. Beide Geschlechter besitzen einen doppelten (diploiden) Chromosomensatz, der bei den Weibchen zwei X-Chromosomen enthält und bei den Männchen ein X- und ein Y-Chromosom. Letzteres kann bei Insekten aber auch fehlen. Bei der Bildung der männlichen und der weiblichen Keimzellen wird je ein Chromosomensatz entfernt. Bei der Befruchtung des Eis werden die beiden haploiden Chromosomensätze wieder zu einem diploiden vereinigt (Fritsche et al. 1968).

Bei den Wespen und den anderen Hautflüglern trifft dies jedoch nicht zu. Bei ihnen gilt die haplodiploide Geschlechtsbestimmung. Aus befruchteten Eiern entstehen Weibchen, aus unbefruchteten Männchen (Arrhenotokie). Die Mütter entscheiden, ob sie Eier befruchten und weiblichen Nachwuchs erzeugen wollen oder ob sie unbefruchtete Eier ablegen und damit männlichen Nachwuchs erzeugen. Die befruchteten Eier haben einen diploiden Chromosomensatz, die unbefruchteten einen haploiden. Die Geschlechtsbestimmung erfolgt also nicht durch ein geschlechtsbestimmendes Chromosom, sondern durch ein Gen oder mehrere geschlechtsbestimmende Gene beziehungsweise durch deren Allele (komplementäre Geschlechtsbestimmung). Die Anzahl der Allele ist in einem haploiden Ei geringer als in einem diploiden, was für die Geschlechtsbestimmung maßgebend ist. Diese Fähigkeit der Weibchen, das Geschlecht der Nachkommen zu bestimmen, verschafft besonders den parasitischen Arten den großen Vorteil, Nahrungsressourcen optimal zu nutzen. Da Männchen in der Regel kleiner sind als Weibchen, können sie zum Beispiel kleinere Wirte mit einem unbefruchteten Ei belegen und größere Wirte mit einem befruchteten. Für die sich entwickelnden Weibchen ist eine optimale Nahrungsversorgung entscheidend für die Anzahl Eier, die es als ausgewachsenes Weibchen legen kann (Quicke 2015).

Zahlreiche Arten von Schlupfwespen sind in der Lage, sich ohne Paarung durch Jungfernzeugung (Parthenogenese) zu vermehren. Durch einen besonderen Vorgang bei der Eibildung werden die beiden Chromosomensätze nicht getrennt und es entstehen weibliche Nachkommen (Thelytokie). Es gibt in der Tat Arten, bei denen Männchen unbekannt sind oder nur selten gefunden werden. Zudem existieren besonders bei den Schlupfwespen spezielle Formen der Geschlechtsbestimmung (Heimpel & de Boer 2008). Einige werden bei der Beschreibung einzelner Familien erwähnt, so der Generationenwechsel bei den Gallwespen (Cynipidae) oder wie Autoparasitismus oder Hyperparasitismus das Geschlecht bestimmt (Aphelinidae) oder wie endosymbiotische Bakterien in die Geschlechtsbestimmung eingreifen und zum Beispiel männliche Embryonen zu Weibchen machen oder Weibchen zur parthenogenetischen Vermehrung verhelfen *(Trichogramma)*.

Entwicklungsstadien

Als holometabole Insekten entwickeln sich alle Wespen über die vier Entwicklungsstadien Ei, Larve, Puppe und ausgewachsenes Insekt (Imago). Am Beispiel von Blattlauswespen (Aphidiinae) sieht das bildlich folgendermaßen aus:

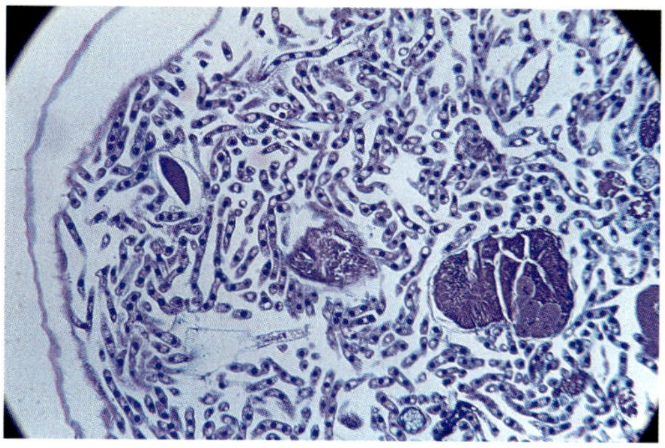

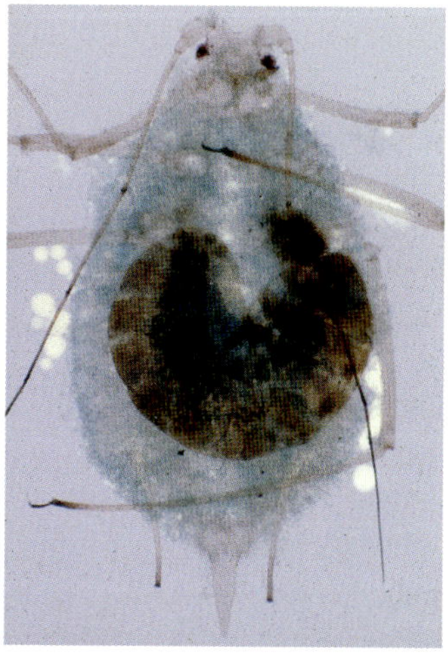

Lebenszyklus von Blattlauswespen (Aphidiinae)

Paarung.

Eiablage in eine Blattlaus.

Das längliche Ei einer Blattlauswespe am linken Bildrand umgeben von Myzel des blattlauspathogenen Pilzes *Pandora neoaphidis.*

Eine Wespenlarve im Innern einer Blattlaus.

Die ausgewachsene Wespe schneidet ein kreisrundes Loch in die Rückenpartie der Blattlausmumie.

Aus der Blattlausmumie ausschlüpfende Blattlauswespe.

Die Größe der Eier variiert je nach Wespenart. Bei den Zwergwespen sind sie mikroskopisch klein. Die Eier der Blattlauswespen der Gattung *Aphidius* sind etwa 0,12 mm lang und 0,03 mm breit, wie aufgrund des mittleren Durchmessers (0,01 mm) der Pilzfäden in der Abb. auf S. 24 links unten geschätzt werden kann. Bei größeren Wespen können sie bis etwa 2 mm lang sein. Sie sind kugelig bis oval. Bei vielen Schlupfwespen sind sie leicht verformbar, da sie einen relativ engen Eilegekanal passieren müssen. Die pflanzenfressenden (phytophagen) Wespen stechen ihre Eier normalerweise ins Pflanzengewebe, die parasitischen in den Körper des Opfers oder auf seine Haut. Bei den sozialen Wespen erfolgt die Eiablage in die vorbereitete Wabe. Die Larven schlüpfen meist schon nach wenigen Tagen.

Die Larven der Schlupfwespen sehen ähnlich aus wie Fliegenmaden (Abb. S. 26, links oben und links Mitte). Mundwerkzeuge und Kopfkapsel sind stark zurückgebildet, Letztere fehlt oft ganz. Ebenso weisen sie keine Beine auf. Sie sind meist weiß-gräulich gefärbt. Ein Teil der im Innern ihrer Wirte lebenden Larven unterscheidet sich jedoch deutlich und weist auf den ersten Blick kaum Merkmale von Insekten auf. Dazu gehören insbesondere die Larven der Platygastridae. Jene Larven, die sich außen an ihrem Wirt entwickelt haben, verpuppen sich meistens gleich neben den Überresten ihres Opfers. Bei jenen, die sich im Innern ihres Wirtes entwickelten, bestehen bezüglich Verpuppungsort Unterschiede. Die meisten verlassen ihren Wirt und verpuppen sich in einem selbst gesponnenen Kokon in seiner unmittelbaren Umgebung (Abb. S. 26, links unten und rechts alle). Bei diesen Arten handelt es sich in der Regel um solche, die das Innere ihres Wirtes nicht vollständig aufgefressen haben. Diese Überreste werden häufig von Bakterien und Pilzen besiedelt. Das Verlassen des Wirtes wird deshalb als eine Anpassung zur Vermeidung von Pilz- oder Bakterienbefall interpretiert. Nur wenige Parasitoide wie die Blattlauswespen nutzen das Außenskelett oder den Puppenkokon ihres Wirtes als eigene Puppenkammer. Es handelt sich dabei ausnahmslos um Arten, die das Innere ihres Wirtes vollständig verzehrt haben.

Die schwarzen Eier von *Tersilochus heterocerus* (Ichneumonidae) in einer Larve des Rapsglanzkäfers.

Ein an einem Faden aufgehängtes Ei einer *Torymus*-Art in der Galle einer Schilfgallmücke.

Larven einer *Euplectrus*-Art (Eulophidae) parasitieren eine Raupe. Die seidenartigen Fäden stammen aus Analdrüsen.

Die Larve einer Darwinwespe (Ichneumonidae) saugt eine Bockkäferlarve aus.

Die Puppe einer Darwinwespe (Campopleginae) hängt an einem Faden unter der parasitierten Raupe des Kleinen Fuchses.

Puppenkokons einer Erzwespe, die eine Miniermotte parasitiert hatte.

Die Larven einer Brackwespe (Braconidae) haben sich in einem Gemeinschaftskokon neben der getöteten Raupe verpuppt.

Puppe eines Bockkäfer-Parasitoiden (Darwinwespe) mit teilweise geöffneter Puppenhülle.

Die ausgewachsenen Schlupfwespen sind geflügelt, nur Arten gewisser Gattungen (*Gelis*, Ichneumonidae) sind flügellos. Die Nahrung der Wespen besteht mehrheitlich aus Nektar, Pflanzensäften, Honigtau und Pollen. Manche ernähren sich vom Blut ihrer Opfer, dem sogenannten host feeding. Dazu stechen sie mit ihrem Legebohrer mehrmals ihr Opfer an, bis Blut fließt. Normalerweise stirbt das Opfer nach dieser Behandlung. Manche parasitischen Insekten können so ihre Wirte nicht nur durch die Lebensweise ihrer Larven dezimieren, sondern auch durch die Ernährung als ausgewachsene Wespe. Beim host feeding wird neben eiweißhaltigen Bestandteilen auch Zucker aufgenommen, hauptsächlich Trehalose und Saccharose. Diese beiden Zucker haben direkte Auswirkungen auf die Langlebigkeit der Wespen. Wurden sie mit der gleichen Konzentration, wie sie im Insektenblut enthalten sind, direkt ins Wespenblut injiziert, so resultierten die gleichen Ergebnisse (Giron et al. 2002).

Im Zusammenhang mit der großen Bedeutung von zuckerhaltiger Nahrung ist die positive Bedeutung der Blattläuse zu würdigen, denn allgemein ist nur ihre negative Seite bekannt. Doch von rund 500 in Mitteleuropa vorkommenden Arten verursachen nur etwa 5 % gelegentlich Schäden an Nutz- und Zierpflanzen. Blattläuse leben von Pflanzensaft, verwerten aber in erster Linie nur die Aminosäuren und geben den größten Teil des in ihrer Nahrung enthaltenen Zuckers mit den Ausscheidungen wieder ab. Dieser sogenannte Honigtau ist von großer ökologischer Bedeutung, dient er doch Hunderten von Insektenarten als Nahrungsgrundlage oder als Ergänzungsnahrung, von der nicht nur Schlupfwespen profitieren, sondern auch Ameisen, Bienen (die Honigbienen stellen daraus den Waldhonig her) und unzählige andere Insekten. Blattläuse leisten auf diese Weise einen nicht zu unterschätzenden Beitrag zur Erhaltung der Artenvielfalt und zur Stabilisierung von Ökosystemen.

Das Auftreten der Schlupfwespen und ihre Entwicklung sind sehr gut mit jenen ihrer Wirte synchronisiert. Dies trifft vor allem auf die Spezialisten zu – jene Arten, die sich nur in einer einzigen Art oder in nahe verwandten Arten entwickeln können. Bei den Spezialisten richtet sich die Generationenzahl nach der ihrer Wirte. Die Generalisten sind bezüglich Wirtswahl freier und ihre Generationenzahl ist entweder artspezifisch oder richtet sich nach der Verfügbarkeit von Wirten.

1.5 | Die parasitische Lebensweise der Schlupfwespen oder: Was sind Parasitoide?

Parasitoide sind dadurch gekennzeichnet, dass sich ihre Larven parasitisch an oder in anderen Insekten, seltener in anderen Arthropoden wie Spinnen, Tausendfüßer oder Asseln entwickeln. Eine Parasitoidenlarve benötigt meistens nur ein einziges Wirtsindividuum zu ihrer Entwicklung und in der Regel wird der Wirt durch die Schmarotzerlarve getötet. Man bezeichnet deshalb die Parasitoide auch als «Raubparasiten», da sie eine Mittelstellung zwischen typischen Räubern (Prädatoren) und echten Parasiten einnehmen. Typische Parasiten wie Tierläuse töten üblicherweise ihren Wirt nicht, sondern haben im Gegenteil ein Interesse daran, dass er möglichst lange lebt, damit ihn noch weitere Generationen von Parasiten nutzen können.

Riesenschlupfwespe *(Rhyssa persuasoria)* bei der Eiablage in eine Holzwespenlarve. Hinter ihrem Kopf ist eine Gnitze (Ceratopogonidae) sichtbar, die Blut aus dem Brustbereich saugt. *Rhyssa* ist ein Parasitoid, weil sie Holzwespenlarven tötet, die Gnitze ein Parasit, der das Leben von *Rhyssa* nicht gefährdet.

Die Imagines von Parasitoiden sind, anders als die Larven, oft Vegetarier und ernähren sich von Nektar, Pollen, Honigtau und Pflanzensäften (Abb. oben und Mitte). Häufiger als früher angenommen kommt das sogenannte host feeding (wörtlich übersetzt: «Wirts-Fressen») vor. Dabei wird der Wirt vom Schlupfwespenweibchen angestochen und das austretende Blut aufgesogen, um so den Eiweißbedarf für die Eireifung zu decken (Abb. unten rechts).

Die parasitoide Lebensweise findet sich quer durch die Ordnungen der Insekten hindurch, wo sie jeweils unabhängig (konvergent) entstanden ist. Schätzungen gehen davon aus, dass etwa ein Viertel aller Insektenarten sich als Parasitoide entwickelt. Am meisten ins Gewicht fallen dabei die artenreichen Schlupfwespen (Parasitica), aber selbst bei einigen Stechimmen (Aculeata: Bethylidae, Dryinidae) und Pflanzenwespen (Symphyta: Orussidae) ist diese Lebensweise anzutreffen. Bei uns weit verbreitet sind auch die Schmarotzerfliegen (Tachinidae), deren Larven sich in verschiedenen Insekten entwickeln, wobei Schmetterlingsraupen häufige Wirte sind (S. 30, 2. Abb. von rechts).

Eine große Darwinwespe und eine kleine *Macroglenes*-Wespe lecken Nektar auf einer Doldenblüte.

Eine Erzwespe aus der *Rhopalicus*-Gruppe leckt Honigtau in einer Kolonie der Hartriegelblattlaus.

Eine unbekannte Darwinwespe leckt Blut von einer Raupe.

Mit dieser Lebensweise treten sie oft in Konkurrenz mit verschiedenen Schlupfwespenarten. Ebenfalls als Parasitoide entwickeln sich die zu den Netzflüglern gehörenden Fanghafte (Mantispidae), deren Larven sich meist in einer Zwischenform zwischen räuberischer und parasitoider Lebensweise in den Eikokons von Spinnen entwickeln. Auch bei den Käfern ist innerhalb verschiedener Familien eine parasitoide Lebensweise entstanden. So entwickeln sich die Larven der Ölkäfer (Meloidae) als Brutparasiten von solitären Bienenarten. Die Larven der Kurzflügelkäfer-Gattung *Aleochara* (Staphylinidae) sind Parasitoide von Fliegenpuppen, die ausgewachsenen Käfer leben räuberisch (Abb. rechts).

Biologie von Schlupfwespen

So artenreich die Schlupfwespen sind, so vielfältig ist auch ihre Biologie. Dieses Buch gibt anhand von Beispielen eine Idee der Vielfalt und der Komplexität der Lebensweise dieser Gruppe. Obschon die parasitoide Lebensweise klar den Grundtyp darstellt, können auch sekundär phytophage Arten sowie diverse Zwischenstadien zwischen parasitoider und phytophager Lebensweise sowie zwischen parasitoider und räuberischer Lebensweise gefunden werden. So ernähren sich z. B. viele Parasitoide von Solitärbienen erst einmal von der Larve des Wirtes, also parasitoid. Später jedoch verzehren sie auch noch die Pollenvorräte, die die Biene zur Aufzucht der Larve in die Brutzelle eingetragen hat. Weiter müssen die Schlupfwespen, die sich in den Kokons von Spinneneiern entwickeln, als einfache Räuber angesehen werden. Auch innerhalb der parasitoiden Lebensweise gibt es wieder die verschiedensten Möglichkeiten, auf die in den folgenden Kapiteln näher eingegangen wird. Nachfolgend wird die Wechselbeziehung zwischen Wirt und Parasitoid näher erörtert und auf die ökonomische Bedeutung dieser Gruppe eingegangen.

Eine Schmarotzerfliege legt ein Ei an die Raupe der Rübsenblattwespe.

Das Ei der Schmarotzerfliege an der Rübsenblattwespe.

Eine Eulenraupe mit vier Larven einer Schmarotzerfliege. Deutlich sind deren Atemöffnungen als schwarze Flecke zu erkennen.

Die Larven der Kurzflügelkäfer-Gattung *Aleochara* (Staphylinidae) sind Parasitoide von Fliegenpuppen, die ausgewachsenen Käfer leben räuberisch.

Endo- und Ektoparasitoide, Koinobionten und Idiobionten

Bei der Kategorisierung der parasitoiden Lebensweise hat sich vor allem die Einteilung in Endo- und Ektoparasitoide sowie in Koinobionten und Idiobionten durchgesetzt. Diese Begriffe sind im Folgenden näher erläutert.

Endo- und Ektoparasitoide

Als Endoparasitoide bezeichnet man diejenigen Schlupfwespen, die ihre Larvalentwicklung im Innern des Wirtskörpers, z. B. in einem Ei, in einer Raupe oder in einer Puppe, abschließen (Abb. oben). Im Gegensatz dazu entwickeln sich Ektoparasitoide außerhalb des Wirtes und konsumieren dessen Hämolymphe von außen her (Abb. Mitte). Sehr häufig bevorzugen Ektoparasitoide versteckt lebende Wirte wie zum Beispiel im Holz minierende (xylophage) Käfer oder Holzwespen, Bewohner von Gallen oder Käfer und Schmetterlinge, die sich in Blattrollen entwickeln (Abb. unten). Endoparasitoide wiederum sind häufiger auf freilebenden Wirten anzutreffen. Hier gibt es aber zahlreiche Ausnahmen und Übergänge.

Endoparasitische Schlupfwespenlarven einer *Cotesia*-Art verlassen ihren Wirt zur Verpuppung.

Ein Ektoparasitoid saugt an einer Blattwespenlarve.

Eine *Aprostocetus*-Wespe parasitiert eine Raupe in einer Blattrolle.

Idiobionten und Koinobionten

Ein weiteres wichtiges Einteilungskriterium ist, wie weit der Parasitoid eine Weiterentwicklung des Wirtes zulässt (Gauld & Bolton 1988). Bei den Idiobionten stoppt die Entwicklung des Wirtes meistens in dem Moment, wenn das Parasitoidenei in oder an ihm abgelegt wird. Meist geschieht dies, indem das Parasitoidenweibchen den Wirt durch ein Gift lähmt, seltener, indem die Parasitoidenlarve chemische Stoffe abgibt, die die Wirtsentwicklung hemmen. Bei den meisten Idiobionten geschieht danach die Larvalentwicklung des Parasitoiden sehr rasch. Koinobionten andererseits lassen eine weitere Entwicklung des Wirtes meist über mehrere Stadien hinaus zu und töten ihn erst bei Erreichen einer bestimmten Größe resp. eines bestimmten Stadiums ab, z. B. nach der Verpuppung.

In der Regel leben Ektoparasitoide als Idiobionten – dies, um möglichen Attacken durch den Wirt zu entgehen oder dem Abfallen während dessen Häutung vorzubeugen. Endoparasitoide sind andererseits meist Koinobionten, da eine exponierte Lebensweise bei bewegungsaktiven Wirten risikoreich sein kann. Wie fast immer in der Ökologie gibt es auch hier zahlreiche Ausnahmen und Übergangsformen.

Weitere Kategorien der parasitoiden Lebensweise

Es gibt zahlreiche weitere Möglichkeiten, die parasitoide Lebensweise einzuteilen, sei es nach befallenen Wirtsstadien, Anzahl der pro Wirt abgelegten Eier oder auch Zustand des Wirtes im Moment der Parasitierung.

Einteilung nach Wirtsstadien

Die Eiparasitoide schließen ihre gesamte – meist recht kurze – Larvalentwicklung im Ei des Wirtes ab, aus dem sie dann auch schlüpfen (Abb. oben links). Zu ihnen gehören die kleinsten bekannten Insektenarten. Die zahlreichen Larvenparasitoide (Abb. oben rechts) befallen frühe oder auch späte Larvenstadien, wobei sie über mehrere Häutungsstadien hinweg am oder im Wirt bleiben können. Larven-Puppen-Parasitoide hingegen legen ihre Eier in ein frühes oder spätes Larvenstadium des Wirtes, die Parasitoide warten dann aber ab, bis der Wirt sich zur Puppe entwickelt, und schließen ihre Entwicklung erst in diesem Stadium ab. Durch ihren langen Wirtskontakt steigt die Gefahr, dass das Immunsystem des Wirtes sich erfolgreich gegen sie zur Wehr setzt oder, im Falle von Ektoparasitoiden, dass sie vom Wirt abgestreift werden. Reine Puppenparasitoide (Abb. unten links) müssen zwar weniger große Anpassungen entwickeln, um dem Immunsystem des Wirtes zu entgehen, aber sie verwenden dafür größeren Aufwand darauf, die unbeweglichen und häufig gut verborgenen Puppen aufzuspüren. Schließlich sind auch Imaginal-Parasitoide bekannt, die sich also auf oder im adulten Wirt entwickeln (Abb. unten rechts).

Solitär- und Gregärparasitoide

Außer nach Wirtsstadien kann man die Parasitoide auch danach einteilen, ob sie für die erfolgreiche Entwicklung ein gesamtes Wirtsindividuum brauchen (Solitärparasitoide) oder ob sich gleich mehrere Geschwister vom selben Wirt ernähren (Gregärparasitoide). Im Falle der gregären Entwicklung gibt es die Möglichkeit, dass das Weibchen gleich mehrere Eier in den Wirt ablegt oder dass sich im Innern des Wirtes aus einem einzigen Ei durch Teilung und durch Aufnahme von Nährstoffen aus der Wirtshämolymphe bis zu 2000 Parasitoiden-Embryonen entwickeln (Polyembryonie).

Weitere Formen der parasitoiden Lebensweise

Eine weitere Einteilung richtet sich nach dem Zustand des Wirtes bei der Parasitierung. Der einfachste Fall ist der eines Primärparasitoiden, der einen noch unbefallenen Wirt befällt. Sekundärparasitoide hingegen befallen – fakultativ oder auch obligatorisch – bereits von einem Primärparasitoiden befallene Wirte, eine Entwicklungsweise, die auch als Hyperparasitismus bezeichnet wird. Kleptoparasitismus (von altgriech. *kleptein* = stehlen) ist grundsätzlich das Aneignen von Leistungen anderer Lebewesen. Im Falle der Wespen geben die Gichtwespen (Gasteruptiidae) ein anschauliches Beispiel. Ihre Weibchen legen die Eier in Wildbienennester. Die in einer Brutzelle ausschlüpfende Larve tötet oder frisst das Ei der Biene und ernährt sich anschließend vom Pollenvorrat.

Oben: Eine *Trichogramma*-Wespe parasitiert Eier eines Eulenfalters.

Cotesia glomerata parasitiert Raupen des Kohlweißlings.

Unten: Eine Erzwespe bei der Eiablage in die Puppe einer Minierfliege.

Die Marienkäfer-Brackwespe *Dinocampus coccinellae* attackiert einen Zweipunkt-Marienkäfer.

Wirtsspektren und Spezialisierung

Wirte der Schlupfwespen

Als Wirte von Schlupfwespen kommen in erster Linie Insekten und in zweiter Linie weitere Arthropoden (z. B. Spinnen, Tausendfüßer, Asseln etc.) infrage. Auffällig ist, dass holometabole Insekten, also solche mit einem Puppenstadium, weit häufiger befallen werden als hemimetabole Insekten. Dies könnte darauf zurückzuführen sein, dass das Puppenstadium mit seiner grundlegenden Umgestaltung der gesamten Morphologie und auch Physiologie einen Schwachpunkt in der Entwicklung darstellt, der von Parasitoiden leicht ausgenutzt werden kann. Dafür sprechen auch die zahlreichen Puppen- oder Larven-Puppen-Parasitoide.

Die absolute Mehrheit der Wirtsnachweise stammt aus der Gruppe der Schmetterlinge und Nachtfalter (Lepidoptera). Sicher weist diese Gruppe eine sehr hohe Dichte an Parasitoiden auf; man muss aber auch beachten, dass Lepidopteren zu den am häufigsten gezüchteten Insekten gehören und dadurch unser Wissen über ihre Parasitoide im Vergleich zu anderen Gruppen sehr groß ist. So fehlen für den Großteil der europäischen Parasitoidenarten jegliche Wirtsnachweise.

Spezialisierung

Es gibt verschiedene Gründe, weshalb ein Parasitoid sich an seinen Wirt anpassen und damit spezialisieren muss. Einerseits sind gerade Endoparasitoide den Attacken des Immunsystems des Wirtes ausgesetzt und müssen sich auch sonst physiologisch auf den Wirt einstellen, um zum Beispiel die eigene Entwicklung im richtigen Moment bremsen oder beschleunigen zu können. Viele Parasitoide beeinflussen die hormonelle Entwicklung ihres Wirtes sogar so stark, dass sie die Steuerung von Häutungs- oder Verpuppungszeitpunkt vollständig übernehmen. Andere verleiten ihre Wirte zu kompletten Verhaltensänderungen. Ein Beispiel bilden Spinnen, die unter dem Einfluss des Parasitoiden völlig anders geformte Netze spinnen, in denen sich der Parasitoid nach dem Tod der Wirtsspinne verpuppt.

Außer wegen des direkten, zum Teil sehr engen Kontakts zu ihrem Wirt müssen sich Parasitoide auch aufgrund der Wirtsfindung spezialisieren. So können sich viele Arten im Labor auch auf Wirten entwickeln, die sie im Freiland nie parasitieren – aus dem einfachen Grund, weil sie sie nie finden würden. Und schließlich müssen die Parasitoide sich in ihrer Phänologie, das heißt ihrer Entwicklung im Jahresverlauf, so auf den Wirt einstellen, dass rechtzeitig mit dem Erscheinen des optimalen Wirtsstadiums legebereite Parasitoidenweibchen vorhanden sind. Häufig beobachtet man, dass Parasitoide ihre Generationenzahl pro Jahr jener des Wirtes anpassen, oder aber – bei polyphagen Arten –, dass sie im Jahresverlauf den Wirt wechseln. In jedem Fall ist eine möglichst exakte Synchronisierung nötig.

Natürlich ist auch bei der Spezialisierung das Spektrum wieder sehr weit. Einige Arten sind monophag, das heißt, sie entwickeln sich nur auf einer einzigen Wirtsart oder -gattung. Als oligophag bezeichnet man Parasitoide, deren Wirtsspektrum mehrere Gattungen einer Familie einschließt. Polyphage Parasitoide schließlich verfügen über ein breites Spektrum an Wirten, das sogar Wirte aus verschiedenen Ordnungen umfassen kann. Grundsätzlich sind Idiobionten weniger spezialisiert als Koinobionten. Letztere müssen sich mit einem aktiven Wirt auseinandersetzen und in der Lage sein, dessen Abwehrsystem auszuschalten, während Idiobionten ihr Opfer entweder dauerhaft lähmen oder töten oder Stadien parasitieren, die kein oder ein eingeschränktes Abwehrsystem besitzen wie die Eier oder das Puppenstadium.

Bei dieser Einteilung in Mono-, Oligo- und Polyphagie wird primär die systematische Stellung der Wirte zueinander in Betracht gezogen. Gerade bei verschiedenen Ektoparasitoiden scheinen aber Einschränkungen bei der Wirtsfindung eine größere Rolle zu spielen als physiologische Anpassungen.

So befallen gewisse Ektoparasitoide nur Wirte, die sich ökologisch sehr ähnlich sind, die aber durchaus aus verschiedenen Familien oder gar Ordnungen stammen können. Als Beispiele seien Parasitoide von Gallenbewohnern, von minierenden Insekten oder von Wirten in Blattrollen genannt. Hier handelt es sich also um eine ökologische Spezialisierung.

Energieumsetzung

Von pflanzenfressenden Säugetieren ist bekannt, dass sie nur etwa 10 % der in den Pflanzen steckenden Energie nutzen können. Schlupfwespen als fleischfressende Insekten sind wesentlich effizienter. Durchschnittlich können sie etwa 50 % der mit der Nahrung aufgenommenen Energie in den Körperaufbau umsetzen. Doch es gibt bei ihnen beträchtliche Unterschiede: Während Eiparasitoide einen «Wirkungsgrad» von rund 20–30 % haben, kann er bei Puppenparasitoiden beachtliche 80–85 % betragen (Quicke 2015). Von food waste kann in diesem Zusammenhang keine Rede sein. Manche Schlupfwespen haben auch Strategien entwickelt, um die vorhandene Nahrungsressource maximal zu nutzen. So sind *Trichogramma*-Wespen in der Lage, den Inhalt eines Wirtseis abzuschätzen und mit so vielen Eiern zu belegen, dass der gesamte Ei-Inhalt von den Wespenlarven genutzt wird. Eine andere Strategie besteht darin, dass der tödliche Angriff der Parasitoidenlarven erst erfolgt, wenn die Nahrungsressource das Maximum erreicht hat, wenn also zum Beispiel die Wirtsraupe ausgewachsen ist. Ein Beispiel dafür ist *Copidosoma truncatellum*, die im Abschnitt «Encyrtidae» ausführlich vorgestellt ist.

Lernfähigkeit

Aus der biologischen Bekämpfung ist bekannt, dass sich Schlupfwespen an neue Wirte anpassen können. Das mussten jene Forschende schmerzlich erfahren, die *Trichogramma*-Wespen zur Bekämpfung des Maiszünslers einsetzten. Die Wespen stammten ursprünglich aus Maiszünslereiern, die Massenvermehrung der Wespe aber erfolgte in den Eiern der Mehlmotte. Das lief anfänglich problemlos, aber nach mehreren Generationen Zucht in Mehlmotteneiern erkannten die Wespen die Maiszünslereier nicht mehr und die Freilassungen endeten mit Misserfolgen (van Bergeijk et al. 1989). *Trichogramma*-Wespen können folglich neue Muster der Wirtserkennung erlernen. Die gleiche Erfahrung wurde auch gemacht, als in der 1950er-Jahren die San-José-Schildlaus in unsere Obstgärten eingeschleppt wurde. Im Verlaufe ihrer biologischen Bekämpfung mit der Schlupfwespe *Encarsia (Prospaltella) perniciosi* stellten die Forschenden fest, dass sich zahlreiche einheimische Schlupfwespen in unterschiedlich starkem Ausmaß an den neuen Wirt angepasst hatten und die schließlich erfolgreiche Bekämpfung unterstützten (Mathys & Guignard 1965).

Parasitoide sind in den meisten Fällen nicht auf einen einzelnen Wirt spezialisiert, sondern können sich auch in anderen Wirten vermehren und sich an neue Situationen anpassen. Diese Fähigkeit, sich auch dank ihrer Lernfähigkeit an neue Wirte und an neue Situationen anzupassen, kann zu Abspaltungen von Teilpopulationen und schließlich zur Bildung neuer Arten führen, wie König et al. (2015) in ihren Untersuchungen darlegten.

1.6| Wie Schlupfwespen ihre Wirte finden

Entscheidend für das Überleben von Parasitoiden ist das Auffinden geeigneter Wirte; dafür sind sie genetisch bereits auf bestimmte Lebensräume und auf bestimmte Opfer programmiert. Vorerst gilt es, mögliche Wirte auf größere Distanzen zu orten. Hierzu haben zahlreiche Untersuchungen stattgefunden, vorwiegend mit Darwinwespen und mit Brackwespen, die Raupen attackieren. Bei der Orientierung spielen flüchtige chemische Botenstoffe, sogenannte Kairomone, eine entscheidende Rolle. Diese werden von Pflanzen ausgeschieden, wenn sie von Fressfeinden befallen sind. Jede Pflanzenart hat ihren typischen Mix aus zahlreichen chemischen Komponenten. Die Zusammensetzung der Mischung ist variabel und wird von der Art der Beschädigung bzw. vom Verursacher der Beschädigung beeinflusst. Ein Kleeblatt zum Beispiel, das von einer Raupe angefressen wird, entlässt eine andere Zusammensetzung von Substanzen, als wenn es von Spinnmilben beschädigt wird (Mithöfer 2016).

Dies allein mag reichen, um Parasitoiden den Weg in den Lebensraum ihrer Opfer zu weisen. Diese noch wenig spezifischen Reize reichen aber noch nicht, um den Wirt zu finden. Dazu sind weitere Komponenten nötig. Wie Untersuchungen zeigten, sind dazu flüchtige Substanzen entscheidend, die vom Speichel des Pflanzenfressers stammen. Erst dieser Mix aus flüchtigen Inhaltsstoffen der beschädigten Pflanze und aus dem Speichel des schädigenden Insekts ermöglicht es dem Parasitoiden, sein Opfer zu lokalisieren. Dieses verbreitete Prinzip der Wirtsfindung ist unter der Bezeichnung «tritrophische Interaktion» bekannt. Tritrophisch deshalb, weil drei Ernährungsstufen, nämlich Pflanze, Pflanzenfresser und Parasitoid, miteinander in Beziehung treten.

Im Nahbereich orientieren sich Parasitoide anhand weiterer geruchlicher wie auch optischer und taktiler Reize. Solche können von Fäkalien, Flügelschuppen von Schmetterlingen, Gespinstfäden von Raupen oder Puppen oder anderen Hinterlassenschaften der Wirte ausgehen, aber auch durch Vibrationen infolge von Bewegungen oder Fressvorgängen entstehen. Die geruchlichen Reize werden von verschiedenen spezialisierten, sehr empfindlichen Sinneszellen an den Antennen wahrgenommen. Schließlich spielen bei der Entscheidung, ob es sich um einen passenden Wirt handelt, auch die visuellen Aspekte eine Rolle, besonders, wenn es sich um seine Größe handelt. Beispiele über den Vorgang der Wirtsfindung werden bei der Vorstellung einiger Schlupfwespenfamilien erwähnt.

1.7| Wie Schlupfwespen ihre Wirte überwältigen

An die physikalischen und verhaltensbedingten Abwehrmechanismen der potenziellen Wirte können sich einzelne Parasitoide problemlos anpassen. Auch auf sogenannte «gefährliche» Wirte, wie es Spinnen oder räuberische Insekten aus Sicht der Parasitoiden sein können, haben sich einzelne Wespen spezialisiert. Im Falle der Spinnen sind es vorwiegend Darwinwespen aus der *Polysphincta*-Gruppe.

Das wichtigste Abwehr- oder Immunsystem von Insekten gegen Parasitoide sind die im Blut enthaltenen Blutkörperchen, die sich an Fremdkörpern anlagern. In den Insektenkörper abgelegte Parasitoideneier oder Junglarven werden von diesen Zellen eingekapselt, was den Tod des Embryos oder der Larve durch Ersticken zur Folge hat. Ein Beispiel für die Wirkung der Blutkörperchen gibt Quicke (2015): *Diplazon laetatorius* (Ichneumonidae) parasitiert Schwebfliegenlarven (Syrphidae) (Abb. rechts). Legt *Diplazon* Eier in Junglarven der Hainschwebfliege *Episyrphus balteatus*, so erfolgt keine Abkapselung der Eier, der Parasitierungserfolg beträgt also 100 %. Belegt *Diplazon* die Wirte im zweiten Larvenstadium, so werden 40 % der Parasitoidenlarven getötet, bei Eiablagen ins dritte Larvenstadium werden sämtliche Parasitoidenlarven getötet. Mit Superparasitismus, das heißt mit dem Belegen des Wirtes mit zahlreichen Eiern, kann das Immunsystem der Wirte überfordert werden, was allerdings mit einer geringeren Nachkommensleistung des Parasitoiden einhergeht.

Für jene Parasitoide, die ihr Opfer nicht mit Giftinjektionen lähmen, stellt sich die Frage, wie dieses Abwehrsystem ausgetrickst werden kann. Den Parasitoiden bieten sich mehrere Möglichkeiten. Die eine besteht darin, Wirtsstadien zu parasitieren, die über kein oder ein schwaches Immunsystem verfügen. Dies ist bei den Eiern der Fall, die über keine Blutkörperchen verfügen. Eiparasitoide und Ei-Larven-Parasitoide nutzen diese Schwachstelle. Ebenso verfügt die Puppe, in der der Umbau von der Larve zum ausgewachsenen Insekt stattfindet, nur über ein eingeschränktes Immunsystem, das von den Puppenparasitoiden ausgenutzt wird.

Eine andere Möglichkeit besteht darin, das Ei mit Substanzen zu überziehen, die verhindern, dass sich Blutkörperchen anlagern können. Die Geschlechtsanhangsdrüsen vieler Parasitoidenweibchen liefern dazu spezielle Sekrete, die oft aus Mucopolysacchariden bestehen. Ferner können die Eier an einer Körperstelle abgelegt werden, die nicht oder nur unvollständig in Kontakt mit Blut kommt. Naheliegend ist eine Eiablage außen an die Haut des Opfers. Doch dabei besteht die Gefahr, dass durch die Bewegungen des Opfers oder bei der Häutung das Ei abgestreift wird. Deshalb lähmen Ektoparasitoide gewöhnlich ihren Wirt. Aber auch das Körperinnere bietet Möglichkeiten, Eier an geschützte oder teilweise geschützte Stellen abzulegen. Eine Stelle, die nicht in Kontakt mit Blut ist, stellt das Innere der Ganglien (Nervenknoten) dar. Der Wespenembryo kann aber auch überleben, wenn das Ei nur teilweise geschützt ist, also an Gewebe anhaftet oder in Gewebeteilen steckt, die nicht von Hämolymphe umspült sind. Die Sauerstoffzufuhr ist trotz der einseitigen Anlagerung von Blutkörperchen gewährleistet und die Larve kann an der Stelle ausschlüpfen, an der die Blutkörperchen fehlen.

Viele Parasitoidenweibchen setzen bei der Eiablage Gift ein. Diese Gifte bestehen aus verschiedenen Komponenten mit unterschiedlichen Wirkungen. Manche haben nur eine kurzfristige Lähmung zur Folge, erleichtern jedoch die Eiablage. Das Gift kann aber auch zu einer dauernden Lähmung des Wirtes führen, wobei das Immunsystem ausgeschaltet oder reduziert wird. Manche Gifte von Parasitoidenweibchen können die Beweglichkeit der Blutkörperchen hemmen, ihre Aggregation verhindern oder sie gar auflösen.

Ein *Diplazon*-Weibchen bei der Eiablage in eine frisch geschlüpfte Schwebfliegenlarve.

Ein einzigartiges System, um das Abwehrverhalten ihrer Wirte auszutricksen, haben Darwinwespen und Brackwespen entwickelt (Quicke 2015). Bereits 1965 beobachtete eine Forschergruppe, dass Eier, die von diesen Wespen in die Wirte abgelegt wurden, nicht eingekapselt wurden. Desinfizierten sie die Ei-Oberfläche, fand dagegen eine Einkapselung statt. Weitere Untersuchungen zeigten, dass bei der Passage der Eier durch die Calyxdrüsen (eine Geschlechtsanhangsdrüse) Partikel auf der Ei-Oberfläche abgelagert werden, die sich bei anschließenden Untersuchungen als neuartige Viren herausstellten, die später den Namen Polydnaviren erhielten. Diese bestehen aus mehreren separaten, ringförmig angeordneten Molekülen der Desoxyribonukleinsäure (DNS, englisch DNA) als Trägerin der Erbinformation. Die Viren werden in den Kernen der Calyxdrüsenzellen gebildet. Die zu ihrer Bildung benötigten genetischen Informationen sind Bestandteil des Wespenerbgutes und werden als solche an die Nachkommen vererbt. Heute wissen wir, dass es zwei grundsätzlich verschiedene Typen von Polydnaviren gibt. Der eine Grundtyp kommt bei den Ichneumoniden vor. Alle Polydnaviren dieser Familie sind in der Gattung *Ichnovirus* zusammengefasst. Der andere Grundtyp kommt bei Braconiden vor, ihre Arten werden in der Gattung *Bracovirus* zusammengefasst. Jede Wespenart hat ihre spezifische Virusart. Daraus kann abgeleitet werden, dass es so viele Virenarten gibt wie Ichneumoniden- und Braconiden-Arten, also Zehntausende.

Die außerordentliche genetische Vielfalt, die bereits heute bekannt ist, ermöglicht es, mit ausgeklügelten Stammbaumanalysen den ungefähren Zeitpunkt zu bestimmen, an dem die Braconiden die Virengene in ihr eigenes Genom übernommen haben. Nach den Berechnungen von Bézier et al. (2009) dürfte dies vor rund 100 Mio. Jahren der Fall gewesen sein. Da sich die Bracoviren deutlich von den Ichnoviren unterscheiden, heißt das gleichzeitig auch, dass sich die Entwicklung der verwandten Familien Ichneumonidae und Braconidae bereits vor dieser Zeit trennte.

Ichneumoniden und Braconiden sind die artenreichsten Familien innerhalb der Wespen und mithin die erfolgreichsten. Dieser Erfolg beruht nicht zuletzt auf ihrer Symbiose mit Polydnaviren. Gleichzeitig mit der Eiablage werden die Viren zusammen mit Gift in den Körper des Wirtes injiziert. Bereits nach etwa einer Stunde können Hämozyten infiziert sein. Infizierte Hämozyten sind nicht mehr in der Lage, sich ans Ei anzulagern. Zudem bewirken die Viren die Bildung von Substanzen, die sich schützend an das Ei anlagern und damit die nicht infizierten Hämozyten ihrer Abwehrfunktion berauben. In Kombination mit dem injizierten Gift ergeben sich weitere Effekte, die je nach Parasitoid-Wirt-Kombination unterschiedlich sein können, in jedem Fall aber zugunsten des Parasitoiden ausfallen. Dazu gehören die Verlängerung der Larvenentwicklung oder die Verhinderung der Verpuppung des Wirtes, was der Parasitoidenlarve erlaubt, ihr optimales Verpuppungsgewicht zu erreichen. Weitere Viren oder virusähnliche Partikel sind bekannt, die mit der Unterdrückung des Immunsystems in Zusammenhang gebracht werden (Santos et al. 2022). Und sicher werden in Zukunft noch weitere interessante Wirt-Parasitoid-Interaktionen entdeckt werden.

1.8 | Wie Wirte sich gegen Schlupfwespen wehren

Die Wirte von Schlupfwespen – das sind praktisch alle Insekten, viele Spinnen und einige weitere Arthropoden – haben verschiedene Strategien zum Schutz vor Parasitierung entwickelt. Viele haben ein aktives Abwehrverhalten bestehend aus schlagenden Bewegungen mit dem Vorderkörper (Beispiel Kohlweißlingsraupen), mit dem Körperende (Beispiel Rosenblattwespen) oder Kicken mit den Beinen (Beispiel Blattläuse). Manche Blattlausarten lassen sich bei Störungen zu Boden fallen, Raupen seilen sich oft mit einem Faden aus der Gefahrenzone ab. Viele Insekten sind in der Lage, giftige oder klebrige Sekrete abzusondern. Bei Störungen setzen viele Spinnen ihre Netze in rasche Schwingungen, wodurch sie einerseits praktisch unantastbar werden, andererseits für kleinere Angreifer die Gefahr besteht, sich im Netz zu verfangen. Bekannt ist auch das Fürsorgeverhalten jener Insektenweibchen, die sich schützend auf ihrem Gelege aufhalten, bis die Jungen geschlüpft sind (Beispiel Wanzen). Einen gewissen Schutz vor Parasitoiden genießen wehrhafte insektenfressende Arthropoden wie Spinnen oder die Larven von Sandlaufkäfern oder Ameisenlöwen.

Verschiedene Insekten haben physikalische Barrieren entwickelt oder bauen sich gleich selbst welche. So kann ein dickes Chorion («Eischale») Eiparasitoide abhalten. Haarige Raupen oder Raupen mit dicker Kutikula werden weniger attackiert, ebenso solche, die einzeln oder in Gruppen in einem Gespinst leben. Ein gut gepanzerter Körper, wie er beispielsweise den adulten Laufkäfern eigen ist, schützt weitgehend vor Parasitoiden. Das Gleiche gilt für Puppen: Je dichter der Kokon oder das umgebende Gespinst, desto besser der Schutz. Auch bietet das Leben in Blattrollen, in Blattminen oder in Gallen einen gewissen Schutz. Ihr Leben im Holz oder unter Borke kann Parasitierungen von Holzwespen und Bockkäfern ebenfalls reduzieren. Das Pendant zu den haarigen Raupen sind Wachsausscheidungen, wie sie bei verschiedenen Pflanzenläusen oder bei einigen Marienkäferlarven zu beobachten sind.

Giftige Substanzen, die von Insekten selbst produziert werden oder die sie von ihren Nahrungspflanzen aufnehmen, können Parasitierungen reduzieren. Ein Beispiel ist der Tabakschwärmer *(Manduca sexta)*. Er hat sich auf Tabakpflanzen spezialisiert, obwohl diese Nikotin enthalten, das bekannterweise ein äußerst starkes Nervengift ist und Insekten tötet. Die Raupen des Tabakschwärmers sind resistent gegen Nikotin. Das im Insektenblut zirkulierende Nikotin wird dafür verantwortlich gemacht, dass die Raupen fast nur von der spezialisierten Brackwespe *Cotesia congregata* parasitiert werden. Aber auch ihre Nachkommen leiden unter einer erhöhten Sterblichkeit im Vergleich mit Nachkommen aus nikotinfrei ernährten Raupen (Barbosa et al. 1991). Ein Teil des Nikotins wird über die Atemluft abgegeben, was natürliche Fressfeinde abschreckt (Kumar et al. 2013).

Blattläuse haben besondere Abwehr- oder Überlebensstrategien entwickelt. Zum einen ist die hohe Fruchtbarkeit zu erwähnen: Dank Parthenogenese und Viviparie sowie dem Fehlen von Männchen während der Vegetationszeit sind sie zu explosionsartiger Vermehrung befähigt. Damit können sie ihren Feinden buchstäblich davonwachsen, bis ihre Vermehrung von Pilzkrankheiten oder dem Reifwerden ihrer Nahrungspflanzen gestoppt wird. Zum anderen profitieren sie von der Gesellschaft mit Ameisen. Diese schätzen die zuckerhaltigen Ausscheidungen (Honigtau), bewegen sich eifrig in den Kolonien hin und her, entlocken den Blattläusen durch Betrillern mit den Fühlern den süßen Saft und vertreiben mit ihrem emsigen Getue gezielt oder nebenbei die Feinde der Blattläuse. Mit ihren Rückenröhren (Siphonen) verfügen sie über spezielle Organe zur Feindabwehr. Diese Siphonen sind mit Drüsen verbunden, die ein klebriges Sekret produzieren. Bei Belästigungen werden die Siphonen zu «Kanonenrohren», durch die das Sekret dem Angreifer entgegengeschleudert wird. Eine getroffene Schlupfwespe stellt kaum mehr eine Gefahr für die Blattlaus dar, mehr noch, das Sekret enthält Alarmpheromone, die die Mitglieder der Blattlauskolonie in Unruhe versetzen. Je nach Blattlausart wandern sie weg oder lassen sich fallen.

Kommt es trotz all diesen Abwehrstrategien zu einer Eiablage durch Parasitoide, so kommt das Immunsystem der angegriffenen Insekten zum Zug. Um die abgelegten Eier oder spätestens um die frisch geschlüpften Larven lagern sich Hämozyten (Blutkörperchen) ab, was deren Tod durch Ersticken zur Folge hat.

Spezielle Abwehrstrategien, die erst seit wenigen Jahrzehnten eingehender erforscht werden, verdienen hier besondere Erwähnung: die Bedeutung von endosymbiotischen Bakterien.

In den 1970er-Jahren stellten Forschende fest, dass sich Spinnmilben, die aus verschiedenen Herkünften stammten, nicht erfolgreich kreuzen ließen, dass sich also zum Beispiel Weibchen der Population A mit Männchen der Population B wohl paarten, aber daraus keine Nachkommenschaft entstand. Entsprechende Beobachtungen wurden bei Experimenten mit der Kirschenfruchtfliege *Rhagoletis cerasi* gemacht (Boller et al. 1976). Die Beobachtungen schürten Hoffnungen für die Entwicklung einer neuartigen Methode zur Schädlingsbekämpfung. Die Ursachen für dieses als «zytoplasmatische Inkompatibilität» bezeichnete Phänomen waren damals unbekannt. Heute wissen wir, dass es sich um endosymbiotische Bakterien handelt, also um Bakterien, die sich in Insektenzellen eingenistet haben und in Symbiose mit dem Wirt leben. In den letzten drei Jahrzehnten haben sich zahlreiche Forschergruppen mit diesem Phänomen beschäftigt und es ist mittlerweile klar, dass diese Symbiose bei Insekten und anderen Arthropoden weit verbreitet ist.

Die Endosymbionten können im ganzen Körper angetroffen werden, immer aber besiedeln sie die Zellen der Geschlechtsorgane. Das ermöglicht ihnen, sich bei der Ei- oder Embryonenbildung in diese Strukturen einzuschleusen. Mit anderen Worten: Endosymbionten werden vererbt. Die Beziehungen zwischen Wirt und Bakterium können ganz unterschiedlich sein. Die Bezeichnung Symbiose deutet darauf hin, dass beide

Partner von diesem Zusammenleben profitieren. Dies trifft in den meisten Fällen zu. Primär aber profitieren die Bakterien dadurch, dass sie in einer geschützten Umgebung leben können. Gegenleistungen können darin bestehen, dass sie ihrem Wirt lebenswichtige Aminosäuren zur Verfügung stellen, seine Temperaturtoleranz erhöhen, ein breiteres Nahrungsspektrum eröffnen oder gegen Feinde schützen. Andererseits können sie die Lebenserwartung ihrer Wirte reduzieren und die Nachkommenschaft beeinflussen (Aebi & Zindel 2013).

Unzählige Arten von endosymbiotischen Bakterien sind in der Zwischenzeit bekannt und weitere werden ohne Zweifel noch entdeckt werden. Sie gehören verschiedenen Gattungen an. Die bekanntesten heißen *Wolbachia, Buchnera, Hamiltonella, Rickettsia, Serratia* und *Regionella*. Von einigen Vertretern dieser Gattungen ist bekannt, dass sie Blattläuse vor Schlupfwespen schützen können. Besonders gut untersucht ist die Beziehung zwischen der Schwarzen Bohnenblattlaus *(Aphis fabae)* und ihrem Parasiten, der Blattlauswespe *Lysiphlebus fabarum* (Aphidiinae) (Vorburger 2011, 2018). Dieses System wurde gewählt, weil beide Partner parthenogenetisch (ohne Männchen) vermehrt werden können, wodurch die genetische Einheit der Versuchstiere gewährleistet ist. Grundsätzlich ist es so, dass mit *Hamiltonella defensa* infizierte Blattläuse deutlich resistenter sind als symbiontenfreie Blattläuse. So betrug der Parasitierungserfolg bei Blattläusen ohne *H. defensa* rund 45 %. Waren die Blattläuse mit *H. defensa* infiziert, lag der Parasitierungserfolg bei rund 2 %. Doch damit nicht genug: Sowohl bei der Brackwespe wie beim Symbiont existieren genetisch verschiedene Stämme. Je nach Wespe-Symbiont-Kombination kann der Parasitierungserfolg zwischen 0 und 100 % variieren. Blattlausklone, die gegen *L. fabarum* eine gewisse Resistenz aufweisen, sind nicht automatisch resistent gegen andere Schlupfwespen. Das System ist sehr spezifisch. Doch worauf beruht die Resistenz?

Untersuchungen haben gezeigt, dass die Endosymbionten Toxine bilden, die entweder das Ei der Schlupfwespen oder aber deren frisch geschlüpfte Larve töten. Würde das in jedem Fall funktionieren, so müsste man das Aussterben der Blattläuse parasitierenden Wespen befürchten. Doch die Natur wäre nicht die Natur, wenn sie für die Wespen keinen Ausweg aus dieser Situation bereitstellen würde. In der Tat konnte beobachtet werden, dass es den Blattlauswespen gelingt, diese Resistenz zu überwinden. Welche Vorgänge dafür verantwortlich sind, ist allerdings noch nicht geklärt.

Bei den erwähnten Untersuchungen handelt es sich um Laborversuche. Doch wie sieht die Situation in der Natur aus? Nach Vorburger (2011) trägt selten mehr als die Hälfte der Blattläuse einer Population den Endosymbionten *H. defensa* in sich und die Stärke der Infektion variiert. Dies ist damit zu erklären, dass die Symbionten Energie benötigen, die sie den Blattläusen entziehen. Dieser Energieverlust der Blattläuse macht sich in einer verkürzten Lebenserwartung und einer geringeren Nachkommenschaft bemerkbar. Im Extremfall kann das dazu führen, dass die Blattläuse sterben, bevor sie Nachkommen zeugen. Von Endosymbionten befallene Blattläuse haben also einen Selektionsnachteil und sind bestrebt, die Symbiontenlast zu verringern. Werden sie die Symbionten aber ganz los, sind sie den Schlupfwespen ohne den Symbiontenschutz ausgeliefert. Die besten Überlebenschancen für eine Blattlauspopulation sind dann vorhanden, wenn eine gute Durchmischung von Symbiontenträgern und symbiontenfreien Individuen vorhanden ist.

Es ist ein allgemeines Prinzip der Natur, dass Abwehrmechanismen nach Reaktionen rufen, diese Abwehrmechanismen zu überwinden. Es findet auch hier ein dauerndes Wettrüsten statt, verbesserte Abwehrstrategien sind gefolgt von angepassten Angriffsstrategien und so weiter. Dieses Phänomen, als antagonistische Koevolution bekannt, spielt auch in der Landwirtschaft eine wichtige Rolle. Unzählige Forschungsgruppen beschäftigen sich mit der Züchtung von Kulturpflanzen, die resistent gegen Krankheiten und Schädlinge sind, und sie tun dies mit Erfolg. Doch schon nach wenigen Generationen haben Krankheitserreger und Schädlinge Wege gefunden, die Resistenzen zu durchbrechen. Resistenzzüchtung ist deshalb ein ewiges Werk und kein nachhaltiges Pflanzenschutzverfahren. Im Gegensatz dazu ist die Bekämpfung von Schädlingen mit Schlupfwespen oder anderen natürlichen Gegenspielern erfolgversprechender, da sich das System oft selbst reguliert.

Grundsätzlich aber gilt: Einen absoluten Schutz vor Parasitoiden gibt es nicht. Die Anzahl der Angriffe durch Parasitoide, aber auch die Zahl der potenziellen Parasitoide lassen sich durch Abwehrstrategien zwar reduzieren, aber nicht ausschalten, denn auch Parasitoide können durch evolutionäre Anpassungen die Abwehrstrategien durchbrechen.

2 | Porträts einiger Familien der Schlupfwespen

Nachfolgend werden Beispiele von Familien der Schlupfwespen vorgestellt. Zu Beginn jeder Familie werden Artenzahlen für die Familien genannt. Diese stammen aus neusten Untersuchungen. Obwohl sie einzelne Länder betreffen, sollten die Zahlen repräsentativ für die Anzahl *bekannter* Arten in Nord- und Mitteleuropa sein. Die Zahl der noch *unbekannten* Arten schwankt jedoch sehr stark. Während bei einigen Familien nur noch wenige neue Arten zu erwarten sind (z. B. Gasteruptiidae), könnte bei einigen Erz- und Zehrwespen der Anteil unbekannter Arten ein Mehrfaches der bekannten Zahlen betragen (z. B. Platygastridae, Eurytomidae). Dieser Umstand wird u. a. von Baur (2016), Baur & Ungricht (2019a, 2019b), Haas et al. (2021) und Klopfstein et al. (2019) ausführlicher behandelt.

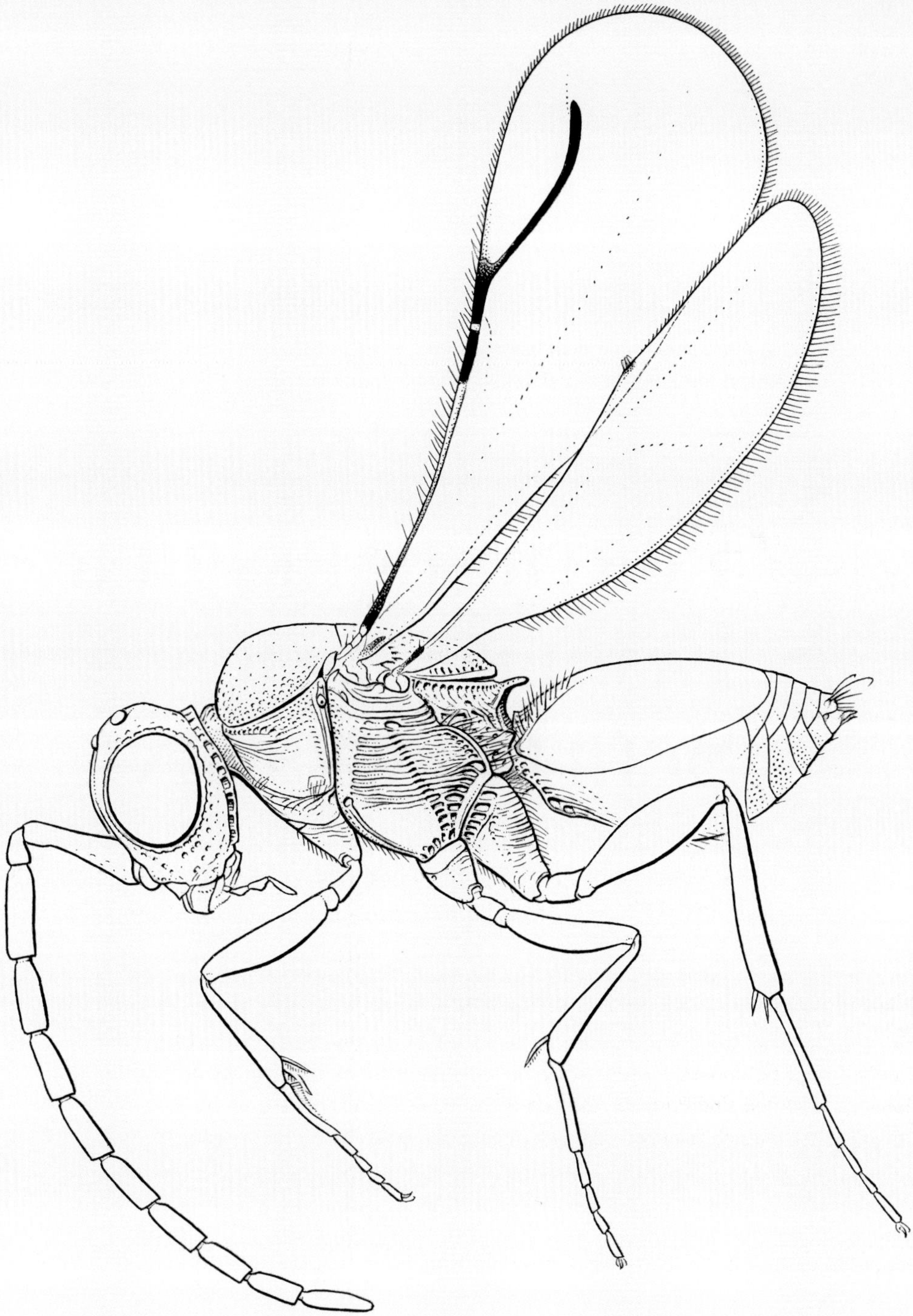

Ceraphron sp., Männchen,
Größe = 1,85 mm

Hauptsache Bienen und Schmetterlinge

Überfamilie Ceraphronoidea

Diese Überfamilie besteht aus zwei sehr ähnlichen Familien, den Ceraphronidae und den Megaspilidae. Weltweit sind rund 600 Arten beschrieben, viele sind aber noch unbekannt (van Noort & Broad 2024). Sie haben eine Körperlänge von 0,5 bis 3 mm und sind meistens schwarz, gelegentlich mit Braun- oder Gelbtönen. Die beiden Familien unterscheiden sich hauptsächlich bei den Fühlern und dem stark reduzierten Flügelgeäder, einmal ohne und einmal mit Flügelmal. Der Legebohrer ist immer verborgen.

2.1| Ceraphronidae

Anzahl Arten: Großbritannien 28 (Broad & Livermore 2014)

Die Antennen setzen tief am Kopf an, sind gekniet, haben einen langen Schaft. Die Körperlänge ist 0,5–2 mm. Die Weibchen haben 7–8 Geißelglieder, die Männchen jeweils eins mehr. Die Füße sind fünfgliedrig. Im Vorderflügel ist nur eine Ader sichtbar, welche sich im letzten Teil geschwungen in die Flügelfläche erstreckt. Das Flügelmal fehlt. Viele Arten sind kurzflügelig oder flügellos. Das Metasoma ist an der Basis abrupt verschmälert.

Ein Teil der Ceraphronidae sind Primärparasitoide, viele Arten jedoch sind Sekundärparasitoide (Hyperparasitoide) von Ichneumonidae, Braconidae und einigen anderen Familien. Relativ gut erforscht ist die Gattung *Aphanogmus*. Die meisten ihrer Arten parasitieren Larven von Blattlauswespen der Gattung *Aphidius* innerhalb von Blattläusen. Die Eiablage erfolgt erst, wenn die *Aphidius*-Larve ausgewachsen ist und den Verpuppungskokon gebildet hat und damit die Blattlaus «mumifiziert» ist. Nach drei Larvenstadien verpuppt sich die *Aphanogmus*-Larve innerhalb der Blattlausmumie. Einige *Aphanogmus*-Arten sind Primärparasitoide von Gallmückenlarven (Abb. unten links und unten rechts), die sich von Rost- oder Schimmelpilzen ernähren und keine Gallen bilden.

Eine *Aphanogmus*-Art parasitiert Gallmückenlarven, die sich von Rostpilzen ernähren.

Eine andere *Aphanogmus*-Art parasitiert Gallmückenlarven im Pilzgeflecht auf einer Galle der Schwammgallwespe *(Biorhiza pallida)*.

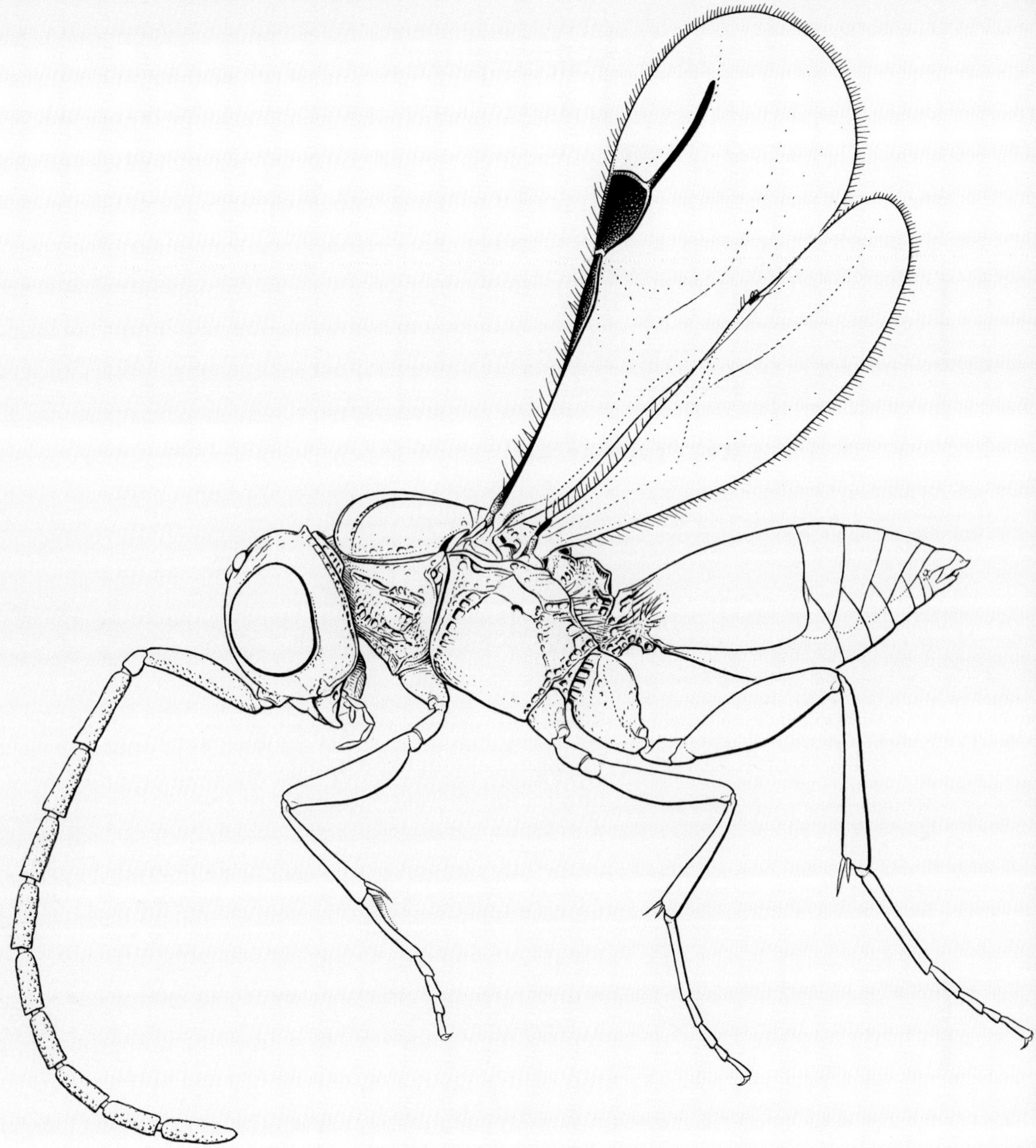

Conostigmus sp., Männchen,
Größe = 1,9 mm

2.2 | Megaspilidae

Anzahl Arten: Großbritannien 64 (Broad & Livermore 2014)

Die meist schwarzen Tiere sind 1,5–3 mm lang. Die Fühler sind tief am Kopf angesetzt, gekniet und haben bei beiden Geschlechtern 9 Geißelglieder. Bei den Männchen sind die ersten Glieder oft verzweigt. Die Füße sind fünfgliedrig. Das Geäder des Vorderflügels weist eine Randader auf, die bis zu einem großen halbkreisförmigen Flügelmal ungefähr in der Flügelmitte reicht. Von dort führt eine geschwungene Ader unterschiedlicher Länge Richtung Flügelspitze.

Die Megaspilidae parasitieren Wirte aus verschiedenen Ordnungen, darunter Zweiflügler (Diptera), Netzflügler (Neuroptera) und Schildläuse (Coccoidea). Einige Arten sind Hyperparasitoide hauptsächlich bei Encyrtidae und Blattlauswespen (Aphidiinae). Gut untersucht ist die Art *Dendrocerus carpenteri* (Abb. unten), die *Aphidius*-Arten parasitiert. Dabei geht das Weibchen folgendermaßen vor (Sullivan 1987): Nachdem es die Blattlausmumie geprüft hat, dreht es sich um 180°, geht rückwärts auf die Mumie zu und bohrt ein Loch durch die Blattlaushülle. Dann legt es ein Ei an die Haut der ausgewachsenen *Aphidius*-Larve und injiziert Gift in das Opfer. Im Gegensatz aber zu *Asaphes* (siehe Pteromalidae), deren Arten ebenfalls Hyperparasitoide von Blattlauswespen sind, zersetzt sich die *Aphidius*-Larve nicht. Die *Dendrocerus*-Larve saugt sie vollständig aus und verpuppt sich anschließend in der Blattlausmumie. Die Entwicklung von *D. carpenteri* dauert etwa 16 Tage (Sullivan 1987). Völkl & Kranz (1995) konnten zeigen, dass *D. carpenteri* auch nachts ihre Wirte finden. Dies ist vor allem an heißen Sommertagen von Vorteil, wenn die Wespen hitzebedingt nicht aktiv sein können.

Der Hyperparasitoid *Dendrocerus carpenteri* bei der Eiablage in die ausgewachsene Larve einer Blattlauswespe (Aphidiinae) im Innern der Blattlausmumie.

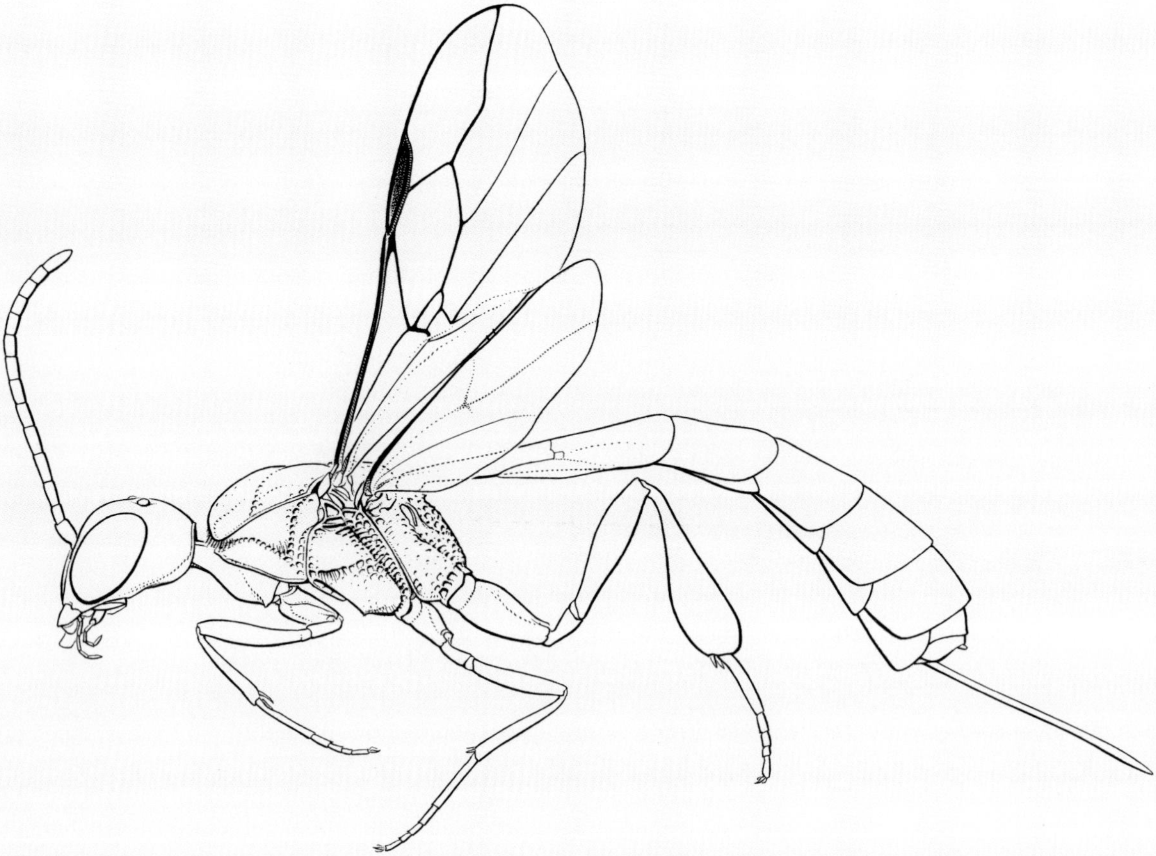

Gasteruption assectator,
Weibchen, Größe = 10,4 mm

Überfamilie Evanioidea

Diese Überfamilie besteht aus drei Familien, den Aulacidae, Evaniidae und den hier behandelten Gasteruptiidae. Weltweit sind rund 1260 Arten beschrieben, viele sind noch unbekannt (van Noort & Broad 2024). Sie haben eine Körperlänge von 5 bis 40 mm und sind meistens schwarz, gelegentlich braun, rot oder gelb getönt. Die Familien unterscheiden sich hauptsächlich in der Form des Metasomas und der Hinterschienen. Das Flügelgeäder ist verzweigt und enthält mehr als eine Flügelzelle sowie ein Flügelmal. Der Legebohrer ist oft nur wenig, manchmal jedoch deutlich vorragend.

2.3 | Gasteruptiidae (Gicht- oder Schmalbauchwespen)

Anzahl Arten: Deutschland 15 (Schmid-Egger & Saure 2010)

Die Gichtwespen haben eine Körperlänge von 6 bis 12 mm. Die Antennen sind ungekniet, weisen bei den Weibchen 12 und bei den Männchen 11 Geißelglieder auf. Das Mesosoma ist gegen den Kopf zu verlängert und bildet eine Art Hals. Der Kopf ist von der Seite betrachtet fast dreieckig. Die Füße sind fünfgliedrig. Der Vorderflügel weist ein verzweigtes Flügelgeäder mit mehreren Flügelzellen auf und ist der Länge nach faltbar. Die Schiene des Hinterbeins ist deutlich verdickt. Der Legebohrer steht immer vor und überragt bei einigen Arten den Körper deutlich.

Die europäischen Gichtwespen entwickeln sich vor allem in den Nestern von Grabwespen und solitären Bienen. Ihre Lebensweise muss eher als räuberisch oder kleptoparasitisch denn als parasitoid bezeichnet werden, da sie zum Teil über mehrere Brutzellen herfallen oder aber sich vorwiegend vom Nestvorrat statt vom eigentlichen Wirt ernähren. Um zu den Brutzellen zu gelangen, benutzen sie normalerweise einfach den Nesteingang. Die ausgewachsenen Gichtwespen leben rein vegetarisch. Bevorzugt lecken sie am leicht zugänglichen Nektar von Doldenblütlern.

Am ehesten begegnet man diesen eigenartig geformten Wespen an älteren Scheiterhaufen, die an besonnten Waldrändern lagern. Dort schweben die Weibchen der einheimischen Arten gemächlich und nahe entlang von gestapeltem Holz auf der Suche nach Brutröhren von Wildbienen. Bei einer noch offenen Röhre landen sie und prüfen sie eingehend mit den Fühlern (Abb. S. 53 oben). Bei Eignung dreht sich die Wespe um, schiebt ihren Legebohrer in die Bruthöhle und schlüpft bei Bedarf rückwärts in die Höhle (Abb. S. 54). Dort legt sie ein Ei und verlässt die Brutröhre wieder. Ist der rechtmäßige Besitzer der Brutröhre zufällig anwesend, so scheut die Gichtwespe nicht davor zurück, den Legebohrer neben der Wildbiene in die Brutröhre einzuführen oder die Biene gar aus der Höhle zu zerren (Abb. S. 55).

Doch woher rührt der eigenartige Name Gichtwespe? Dazu lohnt es sich, die Tiere genauer anzusehen. Die ausgewachsenen Wespen sind vorwiegend schwarz, sehr schmal und lang gestreckt. Dazu kommt bei den Weibchen je nach Art ein bis körperlanger Legebohrer. Typisch für diese Wespen sind der sehr hoch am Mesosoma angesetzte, sichelförmige Hinterleib und die langen Hinterbeine mit den verdickten Schienen. Im Flug bilden Vorderkörper und Hinterbeine eine gerade Linie, auf welcher der am Ende verdickte Hinterleib fast senkrecht nach oben absteht. Zudem sitzt der Kopf an einem halsartigen Fortsatz. All diese körperlichen Besonderheiten bewirken ein für Insekten ungewöhnliches Aussehen, das offenbar den Namensgeber an die deformierten Gelenke von gichtkranken Menschen erinnerte.

Gasteruption jaculator prüft den Nesteingang einer Wildbiene.

Gasteruption assectator. Die Gichtwespe überrascht eine Wildbiene (*Hylaeus* sp.) beim Verschießen ihrer Brutröhre.

Gasteruption assectator. Reicht der Legebohrer nicht bis zur ersten Brutzelle, schiebt sich die Wespe rückwärts in die Brutröhre.

Rechte Seite:

Die Wespe scheut sich nicht, ihren Legebohrer an der Biene vorbei in die Brutröhre zu schieben.

Notfalls packt sie die Biene und reißt sie aus der Brutröhre.

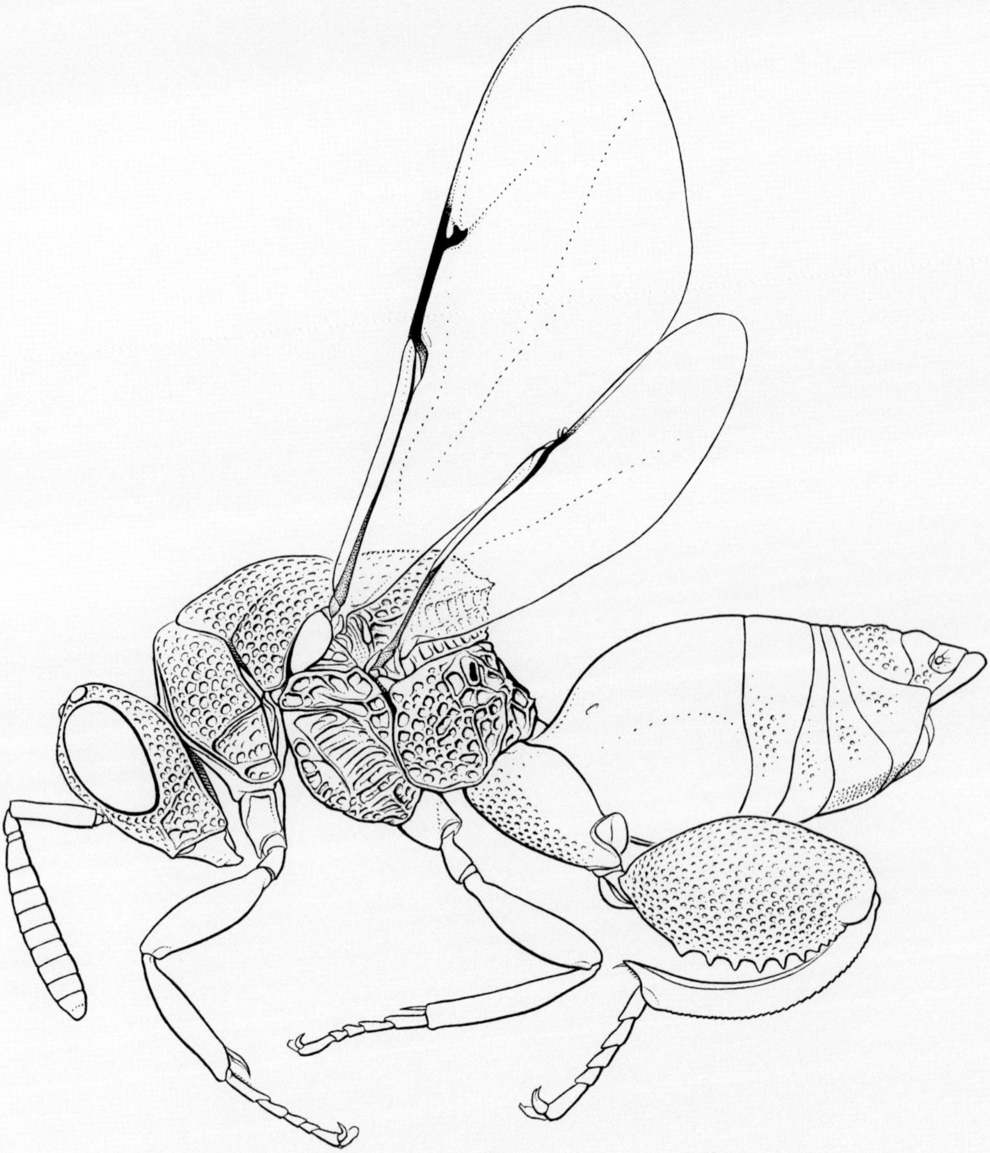

Brachymeria minuta,
Weibchen, Größe = 5,7 mm

Überfamilie Chalcidoidea (Erzwespen)

Die in den Abschnitten 2.4 bis 2.15 behandelten Familien werden in der Überfamilie Erzwespen zusammengefasst. Dazu gehören noch viele weitere, weniger bekannte Familien (Heraty & Woolley 2025), die hier nicht erwähnt werden. Erzwespen sind enorm artenreich und gehören zusammen mit den Ichneumonoidea und den Platygastroidea zu den artenreichsten Überfamilien unter den Hautflüglern: Weltweit sind über 27 000 Arten bekannt (UCD Community 2024), die geschätzte Artenzahl liegt bei über einer halben Million (Cruaud et al. 2024). Der Name Erzwespe rührt von der metallisch grünlich, bläulich oder kupfrig glänzenden Farbe her, die vielen dieser Wespen eigen ist. Manche sind rein schwarz oder schwarz mit roter oder gelber Zeichnung. Sie haben eine Körperlänge von 0,14 bis 17 mm. Fast allen gemeinsam sind gekniete Fühler sowie ein stark reduziertes Flügelgeäder, das nie Zellen bildet. Die basalen Glieder der Geißel sind oft als stark verkleinerte Ringglieder ausgebildet. Der Legebohrer ist oft nur wenig, manchmal jedoch deutlich vorragend.

2.4 | Chalcididae

Anzahl Arten: Deutschland 22 (Vidal et al. 2022)

Die Vertreter dieser Familie haben eine Körperlänge von 2,5 bis 12 mm. Sie sind glänzend schwarz gefärbt oder schwarz mit gelben oder rötlichen Partien. Die geknieten Fühler weisen in der Regel 11 Geißelglieder auf. Die Oberfläche des Körpers ist bei den meisten Arten grob punktiert. Auffallend ist der stark verdickte Schenkel der Hinterbeine. Die Füße sind fünfgliedrig. Das Flügelgeäder ist sowohl in den Vorder- wie in den Hinterflügeln auf eine einzige Ader reduziert. Bei vielen Arten ist der Gaster kurz und stark gewölbt, der Legebohrer ragt kaum hervor.

Die meisten Chalcidier sind Primär- oder Hyperparasitoide von Schmetterlingspuppen und Fliegenlarven; einige Arten attackieren Larven und Puppen von Ameisenlöwen (Neuroptera) oder Wildbienen.

Neochalcis osmicida

Neochalcis osmicida kommt vom Mittelmeerraum bis ins südliche Mitteleuropa vor. Die Weibchen dieser Art haben eine Körperlänge von 8 bis 10 mm. Sie leben als Parasitoide zahlreicher Arten von Blattschneiderbienen (Megachilidae), die in Stängeln verschiedener Pflanzen nisten, wie Rosen- oder Holunderzweige oder Kardengewächse. Vor der Eiablage wandert die Wespe den Stängel entlang, stets die Unterlage mit den Fühlern abtastend. Hat sie den gewünschten Ort zur Eiablage gefunden, drillt sie den kräftigen Legebohrer durch die Stängelwand, um ein Ei in eine Brutzelle der Biene zu legen, in der sich wahrscheinlich eine bereits ausgewachsene Larve oder eine Vorpuppe befindet.

Neochalcis osmicida bei der Eiablage in ein Wildbienennest in einem Rosenzweig.

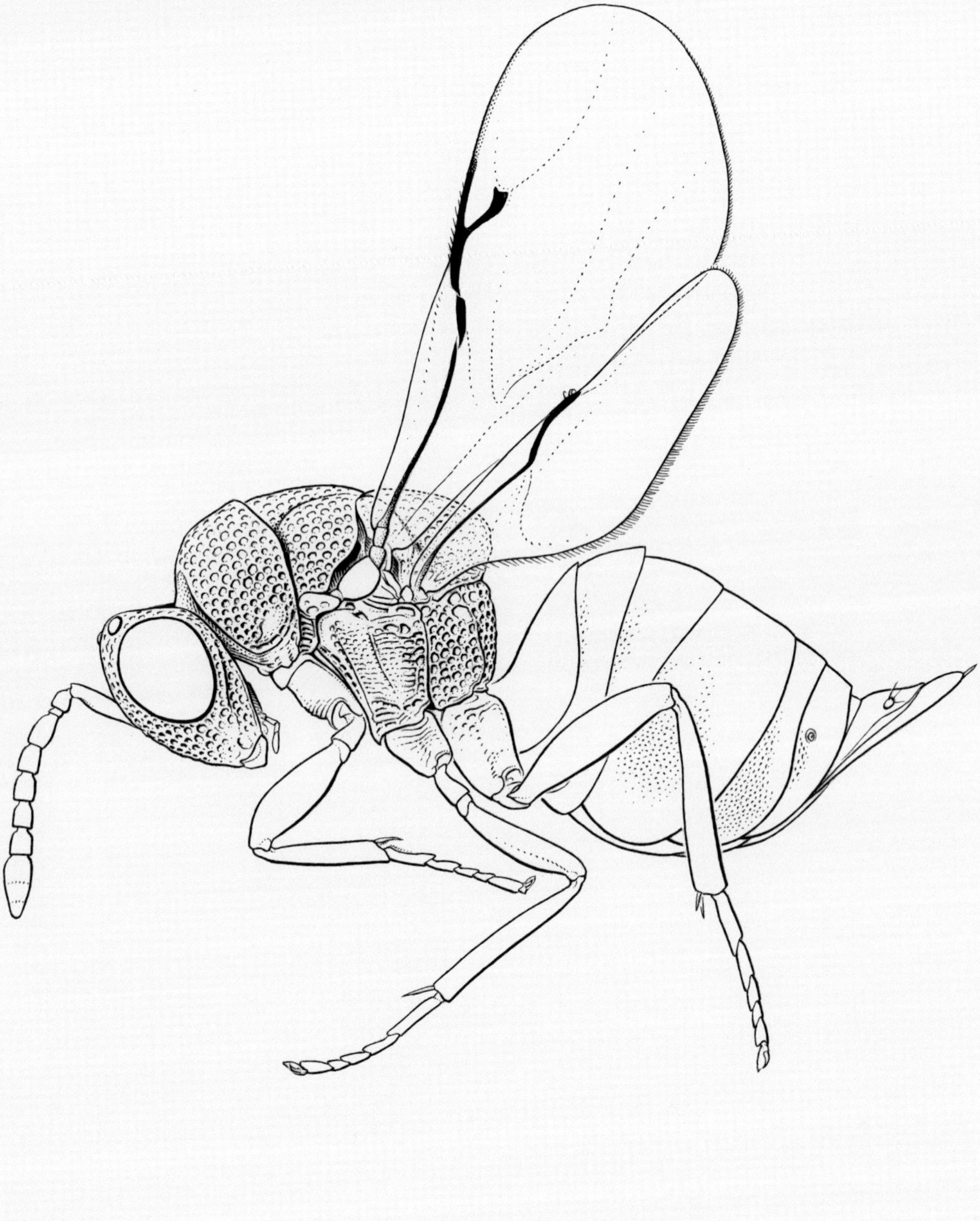

Eurytoma sp., Weibchen,
Größe = 2,9 mm

2.5 | Eurytomidae

Anzahl Arten: Deutschland 101 (Vidal et al. 2022)

Die Körperlänge dieser Wespen liegt zwischen 1,4 und 6 mm. Sie sind normalerweise schwarz gefärbt oder schwarz mit gelblichen Partien. Die Antennen haben 9–11 Geißelglieder, oft mit nur einem Ringglied, die Fühler der Männchen sind auffallend gekerbt und lang behaart. Die Oberfläche des Brustabschnittes ist oft deutlich grob punktiert. Die Füße sind fünfgliedrig. Die Adern der Vorderflügel sind zu einer einzigen, verzweigten Ader reduziert. Mesosoma und Gaster sind deutlich voneinander abgesetzt. Der Gaster ist oval und seitlich zusammengedrückt, der Legebohrer ist leicht vorragend.

Bei den Eurytomiden kommen sowohl entomophage als auch phytophage Gruppen vor. Einige Gattungen parasitieren Wirte in Pflanzenmaterial, beispielsweise Gallenbildner, andere leben phytophag in Samen von Leguminosen oder minieren in Stängeln von Gräsern.

Eurytoma-Arten als Parasitoide von Bohrfliegen in Blütenköpfen

Blütenköpfe von Disteln (Carduoideae) wie Acker-Kratzdisteln *(Cirsium arvense)*, Gewöhnliche Kratzdisteln *(Cirsium vulgare)*, Kohldisteln *(Cirsium oleraceum)* und verwandten Arten von Korbblütlern (Asteraceae) werden gerne von Bohrfliegen (Tephritidae) besiedelt (siehe dazu auch Abschnitt 5.3). Diese Fliegen sind im Vergleich mit Stubenfliegen farblich sehr attraktiv und fallen mit grauen oder schwarzen Mustern auf den Flügeln auf. Sie legen je nach Fliegenart und Größe der Blütenknospe ein Ei oder mehrere Eier ins Innere der noch jungen Knospe. Die Larven bohren sich bis zum Blütenboden, wo sie oft eine Reaktion auslösen, die zur Bildung von Gallen führt. Dies ist bei der Gemeinen Kratzdistel besonders ausgeprägt. Die Gallen verholzen im Spätsommer und bieten ideale Überwinterungsbedingungen für ihre Bewohner.

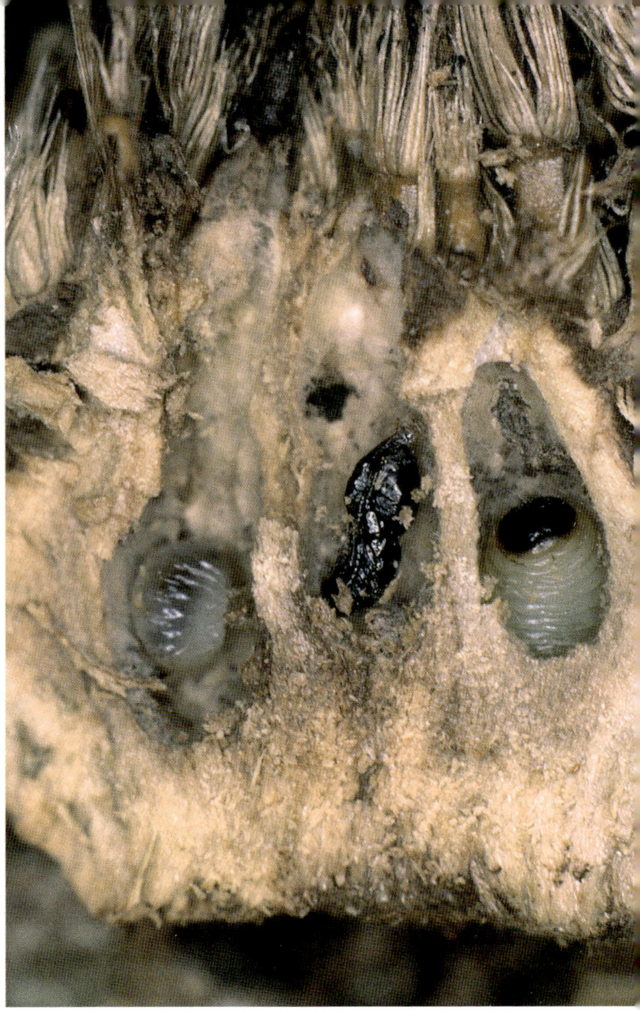

Die Larven dieser Bohrfliegen sind beliebte Opfer verschiedener Arten von Eurytomiden. Da sie nur einen kurzen Legebohrer haben, ist es wichtig, dass sie ihre Eier möglichst bald nach der Eiablage ihrer Wirte legen können, noch bevor sich die Blütenknospen stark vergrößert haben. Die Larven sind solitär, je nach *Erytoma*-Art endo- oder ektoparasitisch. *Eurytoma tibialis*, die *Urophora stylata* parasitiert, überwintert als Puppe in der Galle der Gewöhnlichen Kratzdistel, meistens zusammen mit ausgewachsenen Larven ihres Wirtes (Abb. rechts).

Linke Seite:

Eurytoma sp. Eiablage in eine Flockenblumen-Blütenknospe.

Eiablage in Ackerdistel-Blüte.

Eurytoma tibialis, ein Männchen, deutlich erkennbar an den behaarten Fühlern, wirbt um ein Weibchen.

Eiablage in Rainfarn-Blütenknospe.

Verholzter Blütenboden einer Gewöhnlichen Kratzdistel zeigt zwei überwinternde, ausgewachsene Bohrfliegenlarven und in der Mitte die Puppe von *Eurytoma tibialis*.

Sycophila biguttata als Parasitoid von Ahorngallwespen

Die Weibchen dieser Art sind 2–3 mm lang. Die Vorderflügel weisen in der Mitte des vorderen Randes dunkle Flecke auf, was zur Namensgebung geführt hat. Der Brustbereich ist deutlich punktiert, der Hinterleib ist relativ kurz. Im Gegensatz zur häufigen *Dichatomus*-Wespe (siehe Abschnitt «Eulophidae») ist *Sycophila* eher selten, dafür ist sie ein echter Parasitoid. Wie in der Abb. oben zu sehen ist, erfolgt die Eiablage in eine junge Galle, die ein frühes Entwicklungsstadium der Ahorngallwespen *(Pediaspis aceris)* enthält. Das Ei oder die geschlüpfte *Sycophila*-Larve dürfte aber in einem Ruhestadium verharren, denn erst die fast ausgewachsene Ahorngallwespenlarve wird attackiert. Nachdem sie ihren Wirt vertilgt hat, verpuppt sie sich in der Galle, aus der auch die ausgewachsene Wespe schlüpft (Abb. S. 65 oben). Es ist nicht bekannt, ob sie auch in der Galle überwintert. Interessant zu beobachten ist der Umstand, dass eine auf dem Foto nicht bestimmbare Eurytomiden-Art den «Hauptparasitoiden» der Ahorngallwespe, *Dichatomus acerinus*, parasitiert und damit die Funktion eines Hyperparasitoiden hätte (Abb. S. 65 unten). Da sich *Dichatomus* aber nicht von der Ahorngallwespe ernährt, sondern vom Gallengewebe, kann nicht von einem Parasitoiden gesprochen werden und folglich ist die in der Abb. rechts gezeigte Wespe kein Hyperparasitoid von *D. acerinus*, sondern ihr Primärparasitoid.

Sycophila biguttata bei der Eiablage in eine junge Galle der Ahorngallwespe.

Zwei aufgeschnittene Gallen der Ahorngallwespe. Links ist ihre Larve sichtbar, rechts die ausgewachsene *Sycophila*-Wespe.

Eine unbestimmte Eurytomidae parasitiert *Dichatomus acerinus*.

Eurytoma-Arten als Borkenkäfer-Parasitoide

Borkenkäfer sind weit verbreitet und befallen sowohl Nadel- wie Laubholz. Gefürchtet ist der Achtzähnige Fichtenborkenkäfer oder Buchdrucker *(Ips typographus)*, der immer wieder für Kalamitäten in Fichtenmonokulturen sorgt, die von natürlichen Feinden nicht verhindert werden können. Laubholz ist von Borkenkäfern weniger gefährdet, wohl weil Monokulturen von bestimmten Baumarten weitgehend fehlen. In der Regel werden geschwächte Wirtsbäume bevorzugt, auch an geschlagenem Holz können sich die Käfer vermehren. Dies gilt auch für den Bunten Eschenbastkäfer *(Leperisinus fraxini)*, der in der Rinde von Eschen und anderen Laubbäumen brütet. Er dient verschiedenen Parasitoiden als Wirt, darunter zwei nicht näher bestimmbare *Eurytoma*-Arten (Abb. oben). Beide Arten sind etwa 3 mm lang, die eine Art fällt durch ihre roten Augen auf. Über ihre Lebensweise ist nichts Näheres bekannt.

Eurytoma sp. Ein Männchen (oben), erkennbar am kurzen Gaster und den behaarten Antennen, wirbt um ein Weibchen.

Eurytoma sp. bei der Eiablage auf einem Eschenscheit.

Eurytomiden als Parasitoide von Eichengallwespen

Die von den Gallwespen verursachten Gallen – genauer gesagt, die im Innern lebenden Larven – sind beliebte Ziele der Erzwespen. Das liegt auch daran, dass die Larven im Innern gefangen sind und nicht fliehen können. Leider sind die verschiedenen Arten anhand von Fotos nicht zu bestimmen. Für Naturfreunde sind Gallen an Eichen lohnende Objekte, denn die meisten Erzwespen lassen sich bei ihrer Tätigkeit kaum stören. Weitere Einzelheiten zu diesem Thema finden sich in Abschnitt 5.5.

Eurytoma sp. Eiablage in die Galle der Pfennig-Gallwespe *(Neuroterus numismalis)* an einem Eichenkätzchen.

Eiablage in die Galle einer *Andricus*-Art.

Leucospis gigas, Weibchen,
Größe = 15,8 mm

2.6| Leucospidae

Anzahl Arten: Schweiz 4 (Baur & Amiet 2000)

Diese Erzwespen haben eine Körperlänge von 5 bis 17 mm. Sie sind schwarz mit gelben Flecken und Streifen, sehr ähnlich gewissen Falten- und Grabwespen. Die Antennen haben meistens 11 Geißelglieder (letztes winzig) und keine Ringglieder. Die Oberfläche des Körpers ist recht grob punktiert. Der Schenkel der Hinterbeine ist stark verdickt und an der Unterseite mit Dornen versehen. Die Füße sind fünfgliedrig. Die Vorderflügel sind der Länge nach gefaltet, ähnlich wie bei den Faltenwespen. Das Flügelgeäder ist stark reduziert auf eine einzige sichtbare Ader. Der Gaster ist etwas länger als breit und nach hinten leicht verbreitert. Der lange Legebohrer ist über den Rücken des Gasters nach vorne gebogen.

Leucospidae sind Ektoparasitoide von verschiedenen Wildbienen (Megachilidae), darunter Mauerbienen der Gattungen *Osmia* und *Megachile*.

Leucospis dorsigera als Parasitoid von Wildbienen

In Mitteleuropa ist *Leucospis dorsigera* die häufigste Art, auch wenn sie eher selten anzutreffen ist. Zur Eiablage sticht sie die in Pflanzenstängeln angelegten Nester seitlich an, dieser Vorgang kann lange dauern. Die in der Abb. unten gezeigte Wespe brauchte mehrere Versuche, bis sie die Brutzelle erreichte, der ganze Vorgang dauerte mehr als eine Stunde. Bei der Eiablage muss die Wespe den Gaster extrem bauchwärts abknicken, sodass die gespannten Häute zwischen den Segmenten deutlich zum Vorschein kommen (Abb. unten). Der Legebohrer wird mit den Hinterhüften fixiert und in die Zellenwand eingestochen. Das Ei wird nach Westrich (1990) in den Wirtskokon abgelegt. Die ausschlüpfende Larve tötet vorerst allfällig vorhandene Konkurrenten und saugt anschließend die Wirtslarve vollständig aus. Die Überwinterung erfolgt als ausgewachsene Larve in der Wirtszelle.

Ein Weibchen von *Leucospis dorsigera* putzt sich. Deutlich zu erkennen sind der punktierte Körper, das für Wespen ungewöhnlich stumpfe Hinterleibsende und der über den Rücken gelegte Legebohrer.

Leucospis dorsigera setzt zum Einstich in einen Holzpfahl an. Deutlich sind am Gaster die angespannten Häute zwischen den Segmenten zu erkennen.

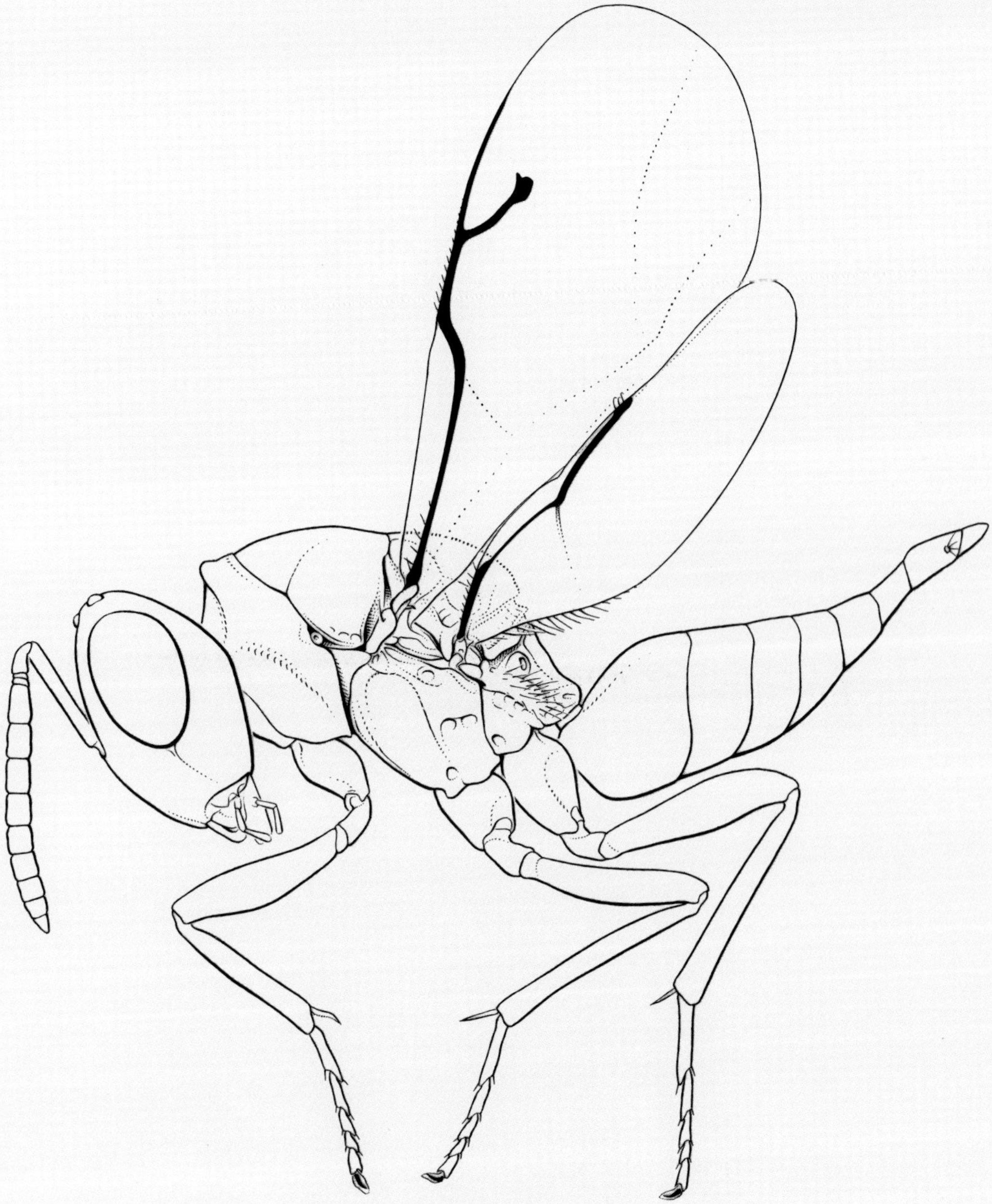

Pteromalus vopiscus,
Weibchen, Größe = 3,4 mm

2.7 | Pteromalidae

Anzahl Arten: Deutschland 427 (Vidal et al. 2022; Zahl bereinigt gemäß Burks et al. 2022)

Ihre Körperlänge liegt zwischen 1,2 und 6 mm. Sie sind metallisch grün, blau bis schwarz glänzend, manchmal matt schwarz oder gelblich. Die Antennen weisen 12 Geißelglieder auf (das letzte oft winzig), meist mit 1–3 Ringgliedern. Die Oberfläche des Körpers ist meist netzartig, gelegentlich mehr oder weniger glatt. Die Füße sind fünfgliedrig. Der Vorderflügel weist nur eine einzige Ader auf, die sich in der äußeren Hälfte verzweigt. Der Gaster ist kurz oval bis lang und zugespitzt; der Legebohrer ragt meistens nur wenig vor.

Pteromaliden sind Primär- und Sekundärparasitoide zahlreicher Insektengruppen. Sie entwickeln sich als Ekto- oder Endoparasitoide, Idiobionten oder Koinobionten, gregär oder solitär. Einige Arten leben räuberisch und einzelne gar als Phytophage. Verschiedene Arten haben sich auf Holzinsekten spezialisiert.

Die Familie Pteromalidae war bis vor Kurzem ein Sammelbecken von Arten, die keiner anderen Familie zugeordnet werden konnten. Burks et al. (2022) haben die Familie grundlegend überarbeitet und 23 Gruppen abgetrennt und als neue Familien beschrieben, darunter auch die in diesem Buch aufgeführte Familie Pirenidae. Weitere Gruppen wurden abgetrennt und anderen Familien zugeordnet (Heraty & Woolley 2025).

Trichomalus perfectus als Parasitoid des Kohlschotenrüsslers

Der Kohlschotenrüssler *(Ceutorhynchus assimilis)* ist ein etwa 3 mm großer, grauer Käfer mit einem rüsselartig verlängerten Kopf. Die Käfer fliegen im zeitigen Frühjahr in die Rapsfelder ein. Mit ihren rüsselartig vorstehenden Mundteilen fressen sie ein Loch in die jungen Rapsschoten und legen ein Ei hinein. Die Käferlarve frisst etwa drei junge Rapssamen und kann dadurch gewisse Ernteverluste verursachen. Ein wichtiger Gegenspieler des Rüsselkäfers ist der etwa 3 mm lange *Trichomalus perfectus*, eine grün-kupfrig schillernde Schlupfwespe. Hat sie eine Rapsschote mit einer fast ausgewachsenen Käferlarve gefunden, schreitet sie auf der Rapsschote hin und her, stets die Schote mit den Fühlern betrillernd. Hat sie die Käferlarve im Schoteninnern lokalisiert, sticht sie durch die Schotenwand, lähmt die Käferlarve und belegt sie mit einem Ei. Die ausschlüpfende Larve entwickelt sich als Ektoparasitoid, saugt ihre Wirtslarve vollständig aus, verpuppt sich in der Schote und verlässt diese als ausgewachsenes Insekt durch ein selbst genagtes Loch. Nach Untersuchungen aus Deutschland werden 32–43 % der Schotenrüsselkäferlarven parasitiert (Laborius 1971). Büchi & Roos-Humbel (1991) ermittelten an 16 über die Schweiz verteilten Standorten Parasitierungsraten von 15–80 %.

Pachyneuron formosum als Parasitoid von Schwebfliegenpuppen

Die Art ist bekannt als gregärer Endoparasitoid von Puppen von Schwebfliegen, aber auch von anderen Fliegen. Wenn die zahlreichen Larven älter werden, wird die Haut der Schwebfliegenpuppe braun. Das Besondere an dieser Art ist, dass sie sowohl als Primär- als auch als Sekundärparasitoid leben kann. Selten kommt es vor, dass sie als Sekundärparasitoid gleich ihre Artgenossen parasitiert. Dieser sogenannte Autoparasitismus ist jedoch verbreitet bei Arten der Familie Aphelinidae.

Trichomalus perfectus bei der Eiablage auf einer Rapsschote.

Zwischen den beiden Rapskörnern ist zu sehen, wie die *Trichomalus*-Larve die Larve des Kohlschotenrüsslers aussaugt.

Rechte Seite:

Pachyneuron formosum bei der Eiablage in eine Schwebfliegenpuppe.

Pachyneuron formosum bei der Eiablage in eine bereits parasitierte Schwebfliegenpuppe. Undeutlich sind einige fast ausgewachsene Wespenlarven durch die Puppenhaut sichtbar.

Nasonia vitripennis als Fliegenparasitoid

Nasonia vitripennis ist ein gregärer Endoparasitoid von Fliegenpuppen. Die Art kann leicht in Stubenfliegen- oder Dungfliegenpuppen gezüchtet werden. In manchen Labors wird sie als Modell für Untersuchungen an Parasitoiden verwendet. Auch wird sie zur Bekämpfung von Stall- und anderen Fliegen eingesetzt. Die schwarz glänzenden, etwa 2 mm langen Weibchen legen ihre Eier in Puppenkokons von verschiedenen Fliegenarten. Dabei sind die Weibchen in der Lage, mit ihrem Legebohrer festzustellen, ob die Puppe bereits parasitiert ist. Die Nachkommen entwickeln sich bei Umgebungstemperatur innerhalb von etwa 2 Wochen. Die ausgewachsenen Wespen verlassen den schützenden Puppenkokon durch ein selbst genagtes Loch.

Ein Weibchen legt mehrere Eier in einen Puppenkokon, sowohl befruchtete wie unbefruchtete. Aus Letzteren entwickeln sich Männchen, die etwas früher schlüpfen als die Weibchen der befruchteten Eier. Das zuerst schlüpfende Männchen sichert sich auf der Puppenhülle des Wirtes ein Territorium, das es mit Pheromonen aus Drüsen des Enddarms markiert. Diese Markierungspheromone haben eine attraktive Wirkung auf unbegattete Weibchen. Damit hat das dominante Männchen beste Chancen, sich mit den ausschlüpfenden Weibchen zu paaren, wenigstens mit einem. Denn solange es sich mit dem einen Weibchen beschäftigt, können sich die übrigen Männchen mit den restlichen Weibchen paaren.

Beim Paarungsverhalten spielen chemische Substanzen eine wichtige Rolle (Mair & Ruther 2019): Das Männchen erkennt ein Weibchen an chemischen Stimuli, die auf dem Körper des Weibchens verteilt sind. Sogleich klettert es auf den Rücken des Weibchens und fährt mit seinen Mundteilen über dessen Antennen. Dabei gibt es ein aphrodisierendes

Nasonia vitripennis bei der Eiablage in eine Fliegenpuppe.

Sekret ab, das aus Hirnanhangsdrüsen stammt. Lässt sich das Weibchen von den Qualitäten des Männchens überzeugen, kommt es zur Paarung. Untergeordnete Männchen müssen aber nicht leer ausgehen. Es konnte beobachtet werden, wie sich solche Männchen in dem Augenblick paarten, in dem das Weibchen dem dominanten Männchen Paarungsbereitschaft signalisierte. Ein weiterer Grund, dass untergeordnete Männchen sich paaren können, liegt im Umstand, dass das dominante Männchen nach jeder Paarung weniger Markierungspheromone abgibt und dadurch an Attraktivität verliert. Nach Mair & Ruther (2019) sind unverpaarte Weibchen in der Lage, aufgrund der Pheromonintensität die Qualität der Männchen zu beurteilen.

Nasonia vitripennis parasitiert bevorzugt die Puppen von Aasfliegen. Bei der Suche nach Opfern orientieren sich die Wespenweibchen deshalb vorerst anhand von Substanzen, die von faulendem Fleisch ausgehen. Auf kurze Distanzen werden sie von flüchtigen chemischen Substanzen geleitet, die von der Wirtspuppe ausgeschieden werden. Hat die Wespe ein mögliches Opfer gefunden, wird es mit Antennen und Abdomenspitze untersucht, bevor sie den Legebohrer einsticht. Dieser ist an der Spitze mit zahlreichen Chemorezeptoren bestückt, die in der Lage sind, Informationen über das Opfer zu liefern, ob es zum Beispiel bereits parasitiert ist oder über den notwendigen Anteil an essenziellen Nahrungsbestandteilen verfügt. Je nach der Rückmeldung entscheidet die Wespe über Eiablage, über die Anzahl der abzulegenden Eier und wie viele davon zu befruchten sind – ein komplexer Entscheidungsvorgang. Gelingt es der Wespe, die Nahrungsressource optimal zu nutzen, so sind die Nachkommen größer und fruchtbarer als die Nachkommen von übernutzten Nahrungsressourcen (Mair & Ruther 2019).

Eine geöffnete, parasitierte Fliegenpuppe zeigt die zahlreichen, fast erwachsenen Wespenlarven.

Pteromaliden als Parasitoide von Borkenkäfern

Borkenkäfer sind in Mitteleuropa mit über 100 Arten vertreten. Sie leben sowohl auf Laub- wie auf Nadelholz, wobei sie sich in erster Linie auf geschwächte oder bereits tote Bäume konzentrieren. Allgemein bekannt ist der Buchdrucker *(Ips typographus)*, der durch Massenauftreten und Schäden in Fichtenwäldern immer wieder für Aufsehen sorgt. Er wie auch alle anderen Borkenkäfer dienen als Wirte von Parasitoiden, wie z. B. *Cheiropachus quadrum.* Die meisten parasitieren Larven oder Puppen, wofür sie zwei Strategien entwickelt haben: Die Mehrheit sticht ihre Wirte durch die Rinde hindurch an, einige wenige dringen in die Fraßgänge ein und belegen ihre Opfer in direktem Kontakt. Wenige Arten parasitieren ausgewachsene Käfer. In einer Borkenkäferpopulation können die zahlreich vorhandenen Parasitoidenarten bis zu 90 % der Käfer töten (Feicht 2003).

Drei Männchen von *Cheiropachus quadrum* warten, bis sich das Weibchen vollständig durch die Borke gebissen hat. Das dominanteste Männchen wird sich unmittelbar darauf mit ihm paaren.

Weibchen bei der Eiablage.

Cecidostiba fasciata und *Mesopolobus sericeus* als Parasitoide von Eichengallwespen

In Mitteleuropa leben über 50 Arten von Gallwespen an Eichen. Sie leben in Gallen an Knospen, Blüten, Blättern und selbst Wurzeln. Es gibt kaum eine Eiche, die frei von Gallwespen ist. Es ist deshalb verständlich, dass auch Parasitoide dieses reichhaltige Nahrungsangebot nutzen. Auch *Cecidostiba fasciata* und *Mesopolobus sericeus* gehören dazu.

Die Lagererzwespe *Lariophagus distinguendus*

Wenn bei einer umfangreichen Insektengruppe wie den Schlupfwespen, wo oft nicht einmal die Familien über Trivialnamen verfügen, eine einzelne Art zu solchen Ehren kommt, dann muss sie schon etwas Besonderes sein. Bei der Lagererzwespe, wissenschaftlich *Lariophagus distinguendus*, kommt dies wohl daher, dass sie schon lange als Haustier von angewandten Entomologen gehalten wird (Baur & Klopfstein 2007). Die Art entwickelt sich als Ektoparasitoid an Larven diverser Käfer, darunter einigen wichtigen Getreideschädlingen, z. B. dem Kornkäfer *(Sitophilus granarius)*, dem Brotkäfer *(Stegobium paniceum)* oder dem Tabakkäfer *(Lasioderma serricorne)*. Diese entwickeln sich in den Getreidekörnern und richten durch Fraß und Verunreinigungen großen Schaden an. Den Forschern ist schon früh aufgefallen, dass es sich bei der Lagererzwespe um einen sehr effizienten Gegenspieler handelt. In Lagerhäusern ausgesetzt, können Lagererzwespen nahezu 100 % der Wirte eliminieren. Dabei werden in den Silos auch mehrere Meter weit entfernte Käferlarven zielstrebig aufgespürt. Zur Orientierung dient der Geruch von Kotspuren. Bei der Eiablage wird der Wirt durch das Korn hindurch zuerst kurz angestochen und sofort gelähmt. Anschließend prüft die Wespe die Größe und das Gewicht des Wirtes, wobei dieser mit dem äußert beweglichen Legebohrer abgetastet und zwischendurch sogar angehoben wird. Je nach Qualität wird ein männliches oder weibliches Ei außen an die Larve gelegt. Vor oder nach der Eiablage kommt es oft auch zu host feeding. Da sich der Wirt jedoch innerhalb des Korns befindet, kann die Hämolymphe nicht einfach aufgeleckt werden. Während des Anstichs scheidet das Weibchen deshalb ein Sekret aus, das am Legebohrer hinunterrinnt und nach kurzer Zeit erstarrt. Danach wird der Legebohrer sorgfältig herausgezogen, wobei eine Art Trinkhalm für eine Verbindung zwischen dem Wirt und der Außenseite des Korns sorgt. Am äußeren Ende dieser *feeding tube* beginnt die Wespe sogleich, die austretende Körperflüssigkeit aufzulecken.

Vor Jahren konnte die Lagererzwespe ihre Nützlichkeit erneut unter Beweis stellen. In einem speziellen Einsatz, der viel mediales Aufsehen erregte, wurde die Wespe zur Schädlingsbekämpfung in Kulturgut eingesetzt. Nachdem festgestellt worden war, dass sich Holzwürmer (Larven von Pochkäfern der Familie Anobiidae) am Cranach-Altar im Erfurter Dom zu schaffen machten, konnte die Lagererzwespe auch hier die Schädlinge weitgehend dezimieren. Leider stellte sich kein nachhaltiger Erfolg ein, sondern es musste mit konventionellen Methoden nachgeholfen werden (Müller 2006).

Cecidostiba fasciata bei der Eiablage in eine Blattgalle von *Andricus* sp.

Mesopolobus sericeus bei der Eiablage in eine Knospengalle.

Die geöffnete Knospengalle zeigt die Larve von *Mesopolobus sericeus*, die an der Puppe der Gallwespe saugt.

Bei Lagererzwespen werden neben «normalen» Männchen, die etwas kleiner sind als die Weibchen (Abb. Mitte), auch Zwergmännchen mit einem Bruchteil der Größe von normalen Männchen beobachtet (Abb. unten). Offenbar sind sie gleich zeugungsfähig wie ihre großen Geschlechtsgenossen. Ökologisch betrachtet haben sie aber den großen Vorteil, dass sie sich mit minimalen Nahrungsressourcen entwickeln können.

Asaphes vulgaris und *Pachyneuron aphidis* als Hyperparasitoide bei Blattläusen

Asaphes vulgaris und *Pachyneuron aphidis* (Abb. ganz rechts) sind verbreitete Parasitoide von Blattlauswespen (Aphidiinae) mit sehr ähnlicher Lebensweise. Als Hyperparasitoide attackieren sie die Larven der Blattlauswespen, nachdem diese ihren Puppenkokon in der Hülle der toten Blattlaus gebildet haben. Nach Sullivan (1987) geht *Asaphes* dabei folgendermaßen vor: Das Weibchen prüft eine Blattlausmumie; eignet sie sich zur Parasitierung, steigt es auf die Mumie, sticht mit dem Legebohrer in die fertig entwickelte Larve der Blattlauswespe und injiziert Gift, das die Larve vorerst lähmt. Dann legt *Asaphes* ein Ei an die Haut des Opfers. Als Spätfolge der Giftinjektion zersetzt sich das Opfer, sodass sich die ausschlüpfende *Asaphes*-Larve von einer breiartigen Masse ernähren kann. Nachdem diese vollständig verwertet ist, verpuppt sich die *Asaphes*-Larve in der Blattlausmumie. Die Entwicklung vom Ei bis zum fertigen Insekt dauert rund 3 Wochen. Unter Umgebungstemperaturen haben die Weibchen eine Lebenserwartung von 2 bis 3 Monaten. Nach Brodeur & McNeil (1994) beginnen sie unmittelbar nach dem Ausschlüpfen aus einer Blattlausmumie mit der Eiablage. Die maximale Zahl von Eiern, die ein Weibchen ablegte, betrug 1433. In der Natur scheint *Asaphes* nicht wählerisch zu sein, was die Art des Primärparasitoiden und die Art der parasitierten Blattlaus anbelangt.

In diesem Zusammenhang führten Härri et al. (2008) einen interessanten Versuch durch. Sie züchteten Blattläuse einerseits auf normalen Pflanzen und andererseits auf Pflanzen, die endophytische (in Pflanzenzellen lebende) Pilze enthielten. Dann setzten sie Blattlauswespen dazu, um die Blattläuse zu parasitieren. Schließlich fügten sie zu den daraus entstandenen Blattlausmumien *Asaphes*-Weibchen hinzu. Unerfahrene Weibchen unterschieden nicht zwischen den beiden Populationen. Erfahrene Weibchen dagegen belegten vermehrt jene Blattlausmumien auf endophytenfreien Pflanzen. Es zeigte sich, dass deren Nachkommen eine höhere Lebenserwartung hatten als die Nachkommen von der «endophytenhaltigen» Population. Die Autoren schlossen daraus, dass Pflanzen mit pilzlichen Endophyten keine optimale Ernährung bieten, weder für die Blattläuse noch für die sich in ihnen entwickelnden Primärparasitoiden. Die *Asaphes*-Weibchen waren demnach in der Lage, die mindere Qualität ihrer Wirte auf der «Endophytenpopulation» nach einem gewissen Lernprozess wahrzunehmen und dortige Eiablagen einzuschränken. Das Beispiel zeigt, wie komplex die Interaktionen sein können und wie wenig wir darüber wissen.

Pachyneuron aphidis bei der Eiablage in die Mumie einer Mehligen Kohlblattlaus.

Lariophagus distinguendus bei der Eiablage.

Ein normales *Lariophagus*-Männchen bei der Paarung.

Im Vergleich dazu ein Zwergmännchen bei der Paarung.

Torymus bedeguaris,
Weibchen, Größe = 4,7 mm

2.8| Torymidae

Anzahl Arten: Deutschland 93 (Vidal et al. 2022)

Körperlänge 1,1–7,5 mm. Sie sind meist glänzend metallisch gefärbt, in einigen Gruppen sind gewisse Partien gelblich. Die Antennen weisen in der Regel 11 Geißelglieder auf und meistens nur ein Ringglied, selten zwei oder drei. Die Oberfläche des Körpers ist meistens schwach skulpturiert, selten gröber punktiert. Der Schenkel der Hinterbeine ist gelegentlich leicht oder stark verdickt und weist an der Unterseite einen oder mehrere Dornen auf. Die Füße sind fünfgliedrig. Im Vorderflügel ist eine lange Ader sichtbar mit einer kurzen Verzweigung am Ende. Mesosoma und Gaster sind nur durch ein kurzes Stielchen getrennt. Der Legebohrer ist immer deutlich vorragend und oft deutlich länger als der Körper.

Die meisten Torymiden leben als Ektoparasitoide von Insekten, die im Innern von Gallen oder in anderen Pflanzenteilen leben. Gewisse Arten ernähren sich zuerst vom Gallenbildner, anschließend phytophag von der Galle, ausnahmsweise leben sie gänzlich phytophag.

Parasitoide von Bohrfliegen

Die in Blütenknospen von verschiedenen Distelgewächsen lebenden Larven von Frucht- oder Bohrfliegen (Tephritidae) sind beliebte Wirte. Dort sind Torymiden häufig anzutreffen und lassen sich bei der Suche und bei der Eiablage beobachten. Es ist bewundernswert, wie sich zum Beispiel *Torymus chloromerus* durch die mit langen und spitzen Stacheln bewehrten Blütenknospen der Gewöhnlichen Kratzdistel hangelt, bis sie schließlich die geeignete Einstichstelle gefunden hat und ihren nahezu körperlangen Legebohrer ins Knospengewebe sticht (Abb. S. 86). Beim Einstich lähmt die Wespe die fast ausgewachsene Wirtslarve und heftet ein Ei an ihre Haut. Die ausschlüpfende Wespenlarve saugt ihr Opfer aus und verpuppt sich schließlich in der Kammer der Fliegenlarve.

Torymus chloromerus bei der Eiablage in eine Blütenknospe der Gewöhnlichen Kratzdistel.

Parasitoide von Gallmücken

An manchen Standorten ist die Brennnessel-Gallmücke häufig, was an den zahlreichen Gallen an Stängeln und Blättern zu erkennen ist. Die Gallen sind unregelmäßig geformt und haben auch unterschiedliche Größen. Im Innern leben 1–3 Gallmückenlarven. An solchen Standorten stößt man fast regelmäßig auf die etwa 4 mm lange, metallisch grün glänzende *Torymus confinis* (Abb. rechts oben). Mit ihrem knapp körperlangen Legebohrer durchsticht sie die Gallenwand, lähmt die vorhandenen Larven und legt ein Ei. Die ausschlüpfende Wespenlarve saugt die vorhandenen Wirtslarven aus und verpuppt sich anschließend. Über ihr weiteres Leben ist nichts bekannt.

In Mitteleuropa kommen drei Gallmückenarten vor, die im Innern von Schilfstängeln leben. Zwei leben in Gruppen, ohne Gallen zu bilden. Die dritte Art, die Reiskorngallmücke, *Giraudiella inclusa,* entwickelt sich in Gallen, die die Form eines Reiskorns haben und innen mit der Schilfwand verwachsen sind. Sie sind das Ziel der kupfrig glänzenden *Torymus arundinis* (Abb. rechts unten). Mit ihrem etwa körperlangen Legebohrer durchsticht sie die Schilfwand und hängt ein Ei in den freien Raum zwischen den einzelnen Gallen. Wie sie an ihre Opfer gelangt und wie viele Mückenlarven sie verzehrt, ist nicht bekannt.

Torymus confinis belegt eine Galle der Brennnesselgallmücke.

Torymus arundinis bei der Eiablage in eine Kolonie der Reiskorngallmücke in einem Schilfstängel.

Parasitoide von Gallwespen

Torymiden parasitieren oft auch den Nachwuchs von Gallwespen, obwohl dieser durch die Galle eigentlich gut geschützt ist. Häufig sind sie auf den Gallen der Schwammgallwespe, *Biorhiza pallida*, anzutreffen. Während Erzwespen mit einem kurzen Legebohrer (z. B. gewisse Pteromaliden) auf jungen Gallen anzutreffen sind, sind Torymiden mit ihrem langen Legebohrer in der Lage, auch tiefer im Gallengewebe lebende Larven zu parasitieren. Der bereits erwähnte *Torymus arundinis* (Abb. oben) lässt sich gut beobachten, wie er die Galle abschreitet und an verschiedenen ausgewählten Stellen in die Galle sticht. Auch Bewohner anderer Gallen an Eichen werden von Torymiden parasitiert. Ein Beispiel ist die nur etwa 4 mm große, kupfrig glänzende *Torymus*-Art, wahrscheinlich *T. auratus*, die Larven der Eichenlinsengallwespe *(Neuroterus quercusbaccarum)* parasitiert (Abb. unten). In den Gallen dieser Art lebt jeweils nur eine einzige Gallwespenlarve.

Torymus arundinis bei der Eiablage in die Galle der Eichenschwammgallwespe *Biorhiza pallida*.

Eine andere *Torymus*-Art bei der Eiablage in eine Galle der Eichenlinsengallwespe *Neuroterus quercusbaccarum*.

Pflanzenfressende Torymiden

Torymus druparum ist ein Beispiel einer phytophagen Torymidae. Sie kommt in Nordeuropa vor und lebt in den Früchten von Weißdorn (*Crataegus* sp.). Die Art ist bekannt geworden als Wirt eines spezifischen Pilzes aus der Gattung *Entomophthora* (Eilenberg et al. 1987). Sie legt ihre Eier im Spätsommer in die noch unreifen Früchte ab. Details ihrer Lebensweise sind nicht bekannt. Die pflanzenfressenden Torymiden stammen von parasitischen Vorfahren ab und haben sich sekundär an eine pflanzliche Ernährung angepasst.

Die phytophage *Torymus druparum* bei der Eiablage in die Frucht des Weißdornes.

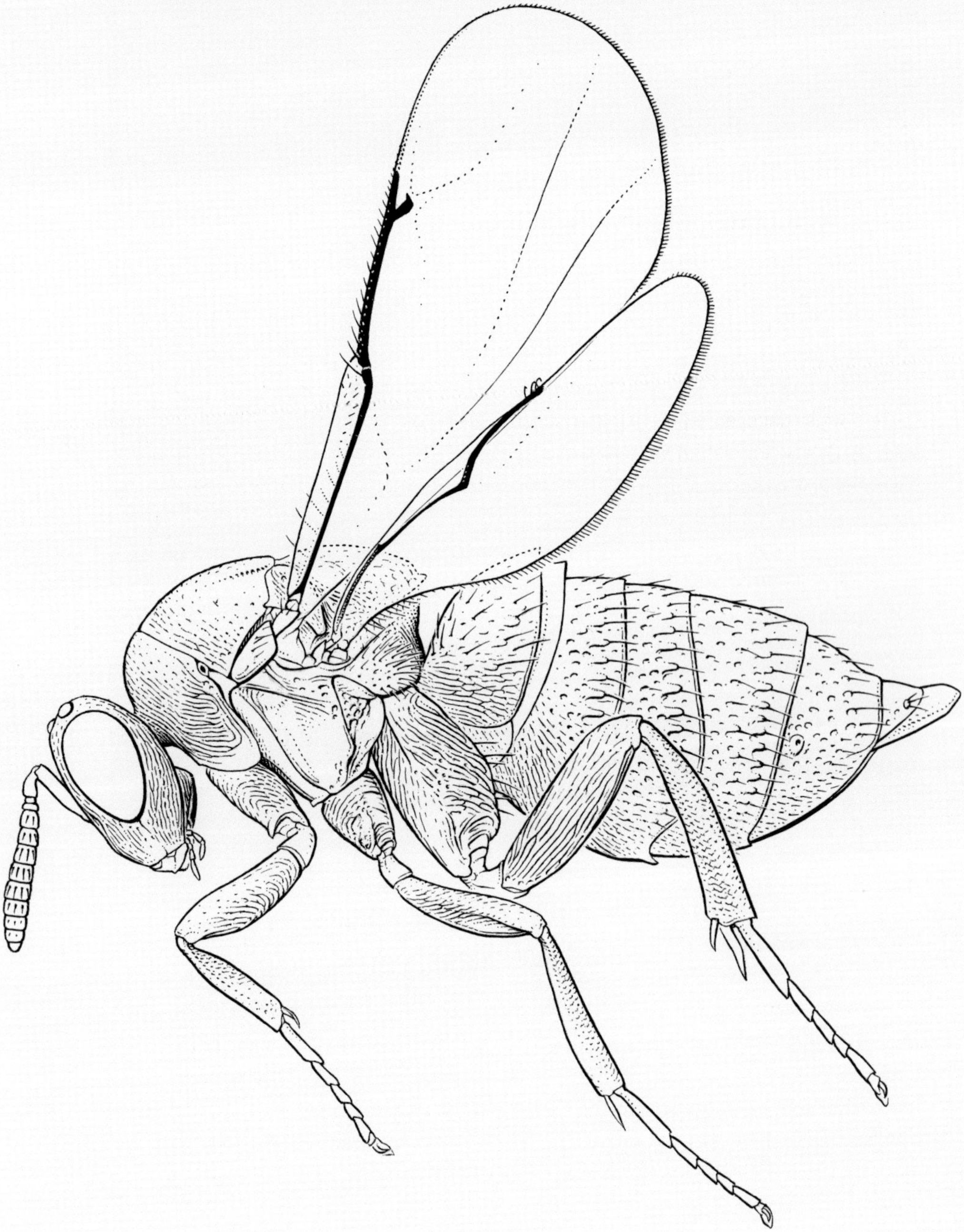

Ormyrus sp., Weibchen,
Größe = 3,0 mm

2.9 | Ormyridae

Anzahl Arten: Deutschland 9 (Vidal et al. 2022)

Die Vertreter dieser artenarmen Familie haben eine Körperlänge von 1,1 bis 6,7 mm. Sie sind metallisch grün bis schwarz gefärbt. Die Antennen haben 11 Geißelglieder, davon sind 1–3 Ringglieder. Die Oberfläche des Mesosomas ist fein skulpturiert, jene des Gasters weist dagegen eine charakteristische, grobe Skulptur auf. Die Füße sind fünfgliedrig. Das Geäder ist im Vorderflügel auf eine einzige, kurz verzweigte Ader reduziert. Das Stielchen zwischen Mesosoma und Gaster ist sehr kurz. Der Gaster ist kurz oval, der Legebohrer ragt nur leicht vor.

Die Ormyriden sind primäre oder sekundäre Parasitoide von gallenbildenden Fliegen und Wespen.

Ormyrus sp. bei der Eiablage in die Knospe einer Gänsedistel.

Ormyrus sp. als Parasitoid von Distelbohrfliegen

Neben den zahlreichen Parasitoiden von Bohrfliegen (Tephritidae), die in den Blütenköpfen von Distelgewächsen leben, nehmen Ormyriden nur eine Nebenrolle ein (Abb. links). Über ihre Lebensweise ist wenig bekannt. Dies gilt für die ganze Familie, die offenbar so unbedeutend ist, dass sie in einigen einschlägigen Büchern überhaupt keine Erwähnung findet (Jacobs & Renner 1974, Godfray 1994, Quicke 1997).

Ormyrus pomaceus als Parasitoid der Linsengallwespe

Die Linsengallwespe *(Neuroterus quercusbaccarum)* ist eine der vielen Gallwespen, die auf Eichen leben. Die knapp 3 mm großen Weibchen legen im Juni die Eier in die Blattunterseite von Eichen, worauf das Blattgewebe mit der Bildung einer linsenförmigen Galle reagiert. Diese erreicht einen Durchmesser von rund 5 mm. In ihrem Innern wächst eine einzige Larve heran. Die Überwinterung erfolgt in den Gallen, aus denen im nächsten Frühling parthenogenetisch (thelytok) sich fortpflanzende Weibchen schlüpfen. *Ormyrus pomaceus* sticht die Linsengalle an und parasitiert die Larve (Abb. oben). Über die Lebensweise des Parasitoiden ist nichts bekannt.

Ormyrus pomaceus bei der Eiablage in eine Linsengalle von *Neuroterus quercusbaccarum.*

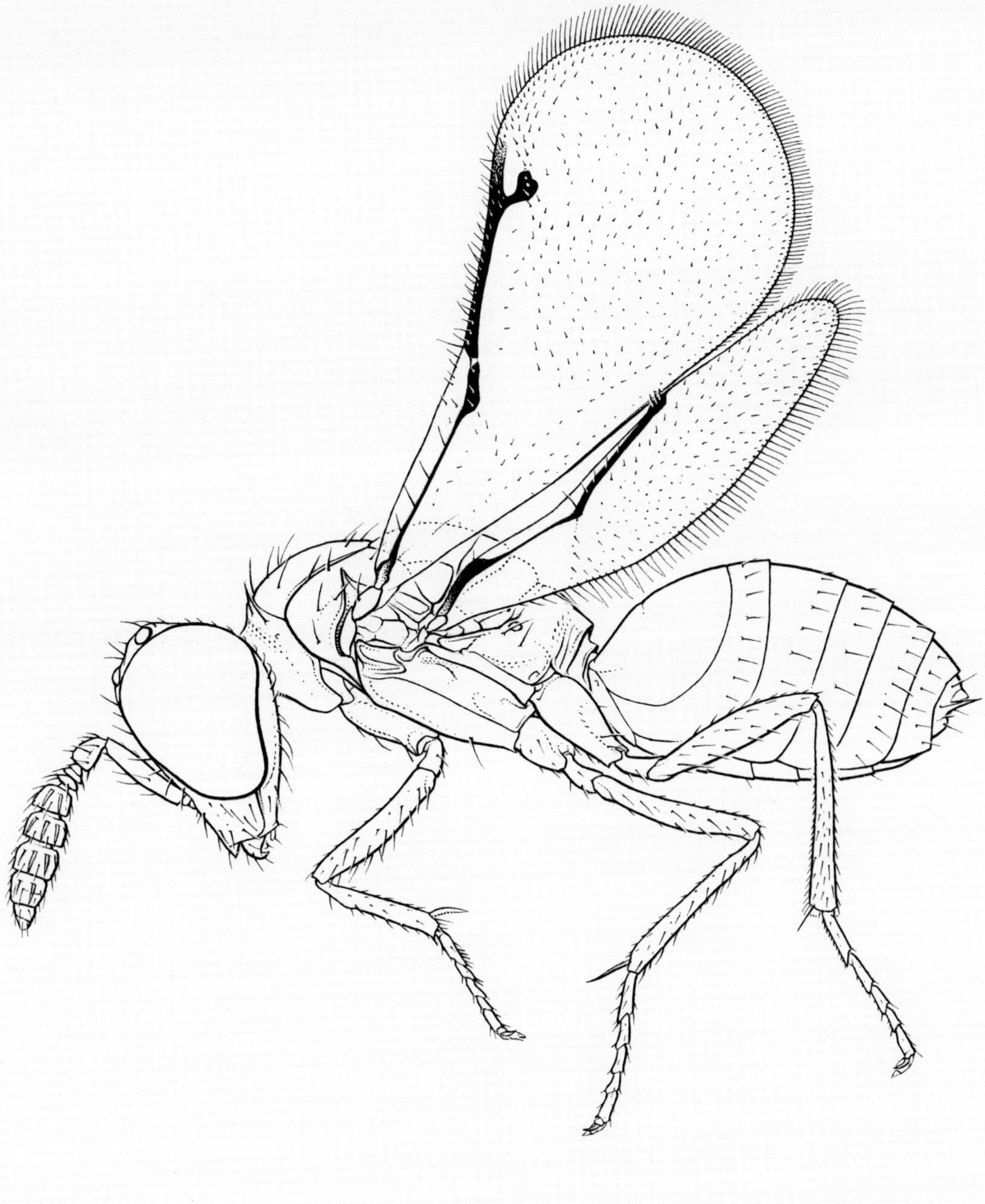

Macroglenes penetrans,
Männchen, Größe = 1,6 mm

2.10 | Pirenidae

Anzahl Arten: Deutschland 30 (Vidal et al. 2022; Zahl bereinigt gemäß Burks et al. 2022)

Ihre Körperlänge liegt zwischen 1,2 und 3 mm. Sie sind metallisch dunkelgrün bis schwarz glänzend. Die Fühler haben 8–11 Geißelglieder (das letzte winzig), die Gattung *Gastrancistrus* mit 1–2, die Gattung *Macroglenes* mit 3–5 Ringgliedern. Die Männchen gewisser *Macroglenes*-Arten fallen durch ihre riesigen Augen auf. Die Füße sind fünfgliedrig. Das Geäder in den Vorderflügeln ist auf eine einzige, an der Spitze kurz verzweigte Ader reduziert. Der Gaster ist länglich, der Legebohrer oft deutlich vorragend.

Macroglenes penetrans

Die Art, früher auch unter dem Namen *Pirene penetrans* bekannt, ist ein wichtiger Parasitoid der Orangeroten Getreidegallmücke *Sitodiplosis mosellana* (Cecidomyiidae). Diese Gallmücke ist dämmerungsaktiv und legt kurz nach dem Erscheinen der Weizenähren einzelne Eier zwischen die Spelzen der Blüte. Die ausschlüpfende Larve saugt am sich entwickelnden Korn, das dadurch verkümmert und auch nicht mehr keimfähig ist, was bei der Verwendung von Saatgetreide von Bedeutung ist. Ist der Anteil verkümmerter Körner hoch, kann auch die Qualität des Mehls leiden. In Mitteleuropa tritt die Gallmücke kaum als Schädling in Erscheinung, im Gegensatz zu Kanada. Dort wurde sie vermutlich mit Einwanderern im 19. Jahrhundert eingeschleppt, anfänglich ohne aufzufallen. Das änderte sich jedoch mit der Intensivierung des Weizenanbaus. Im Jahr 1983 wurde der Schaden allein in Saskatchewan auf 30 Mio. Kanadische Dollar geschätzt (Olfert et al. 1985). Die enormen Schäden in Kanada wie auch in den nördlichen Staaten der USA wurden zu diesem Zeitpunkt auf das Fehlen von natürlichen Feinden zurückgeführt. 1984 wurde in Saskatchewan erstmals *Macroglenes penetrans* nachgewiesen. Sie wurde wahrscheinlich ebenfalls mit Siedlern im Laufe des 19. Jahrhunderts eingeschleppt. Obwohl sie sich nach den ersten Nachweisen stark ausbreitete und um die Mitte der 1980er-Jahre durchschnittliche Parasitierungsraten von rund 33 % erreichte, war sie nicht in der Lage, die Massenvermehrung der Gallmücke aufzuhalten (Olfert et al. 2003).

Aus diesem Grunde untersuchte Affolter (1990) im Rahmen eines Projektes des Commonwealth Agricultural Bureaux International (CABI) in Zusammenarbeit mit der kanadischen Schwesterorganisation das Vorkommen von Parasitoiden bei Getreidegallmücken in der Schweiz. Ziel war es, zusätzliche natürliche Feinde zu identifizieren, die in Kanada zur Unterstützung von *Macroglenes* freigelassen werden könnten. Weitere Details zu diesem Projekt sind in der Beschreibung der Platygastridae erwähnt. Von den vier Arten, die Affolter bei seinen Untersuchungen in der Schweiz fand, gehörte *M. penetrans* zu den wichtigsten. Er beschreibt sie wie folgt:

Die Männchen sind 1,4–1,9 mm lang, die Weibchen etwas kleiner. Der Körper schimmert metallisch blau-grünlich. Die riesigen Augen der Männchen sind zweifarbig und weisen im unteren Teil kleinere Facetten auf als im oberen. Der Legebohrer der Weibchen ist 0,75 mm lang und in Ruhelage ins Abdomen zurückgezogen. Die Eier messen 0,11 × 0,03 mm und werden in die Eier der Gallmücke abgelegt. Die Weibchen sind offenbar nicht in der Lage, bereits parasitierte Eier als solche zu erkennen, jedoch erkennen sie die Eier der Gelben Weizengallmücke, die nicht belegt werden. Die Weibchen legen durchschnittlich über 200 Eier ab. Die Wespenlarven schlüpfen, wenn sich die Wirtslarve im ersten Larvenstadium befindet. Die weitere Entwicklung erfolgt aber erst, wenn sich die Wirtslarve zur Verpuppung im Boden verkriecht. Während die Gallmücke als ausgewachsene Larve überwintert, verbleibt die Wespenlarve im zweiten Larvenstadium. Im Frühling, wenn sich die Gallmückenlarve zur Verpuppung in Richtung Erdoberfläche bewegt, setzt die Wespenlarve ihre Entwicklung fort, häutet sich zum dritten und letzten Stadium und frisst das Innere ihres Wirtes vollständig. Sie verpuppt sich frei in der Erde oder im Verpuppungskokon ihres Wirtes.

Weizengallmücken wie auch zahlreiche andere Gallmückenarten sind in der Lage, als ausgewachsene Larven mehrere Jahre im Boden zu überdauern. Diesem Umstand, der sogenannten Superdiapause, hat sich auch *Macroglenes* angepasst. Sie hat ihre Entwicklung exakt mit jener ihres Wirtes synchronisiert, was wahrscheinlich auf hormoneller Basis erfolgt. Dauert die Superdiapause zwei Jahre, so schlüpft der Parasitoid folglich nach zwei Jahren.

Macroglenes-Wespen lecken Nektar auf einer Kerbelblüte. Die Männchen sind an ihren großen Augen erkennbar.

Macroglenes penetrans bei der Eiablage auf einer Weizenähre.

Macroglenes chalybeus

Seit den 1930er-Jahren ist die Art, damals noch unter dem Namen *Pirene graminea*, in Fachkreisen dank den langjährigen Untersuchungen von Kutter (1934) bestens bekannt. Damals verursachte ihr Wirt, die Erbsengallmücke *Contarinia pisi* (Cecidomyiidae), verheerende Schäden im Rheintal südlich des Bodensees. Die Mehrheit der Erbsengallmücken entwickelt eine Generation jährlich, ein Teil der Population macht eine zweite Generation. Obwohl damit beauftragt, die Ursachen der Gallmückenkalamität zu erforschen und Lösungsmöglichkeiten aufzuzeigen, nutzte der auch als Ameisenforscher bekannte Kutter die Gelegenheit, die Parasitoiden der Erbsengallmücke zu studieren. Er beschreibt ihr Aussehen und ihre Biologie wie folgt:

Männchen und Weibchen haben eine Körperlänge von 1,4 bis 1,6 mm. Ihr Körper glänzt dunkelblau bis schwarz und weist keine Skulpturen auf. Das keulenförmig erweiterte Fühlerende besteht aus drei Gliedern. Beim Männchen ist der Fühlerschaft (Scapus) stark verbreitert. Der Legebohrer ist äußerlich sichtbar. Bei frisch geschlüpften Weibchen sind die Eier noch nicht entwickelt. Erst nach etwa 6 Tagen können sie mit der Eiablage beginnen. Ihre Opfer sind Gallmückenlarven aller Entwicklungsstadien. Die Eier haben eine Größe von durchschnittlich 0,16×0,07 mm. Ein Weibchen kann 40–60 Eier legen. Kurz nach der Eiablage schlüpft die Wespenlarve. Sie entwickelt sich aber erst weiter, wenn die Wirtslarve ihren Verpuppungskokon in der Erde anfertigt. Sie häutet sich zum zweiten und letzten Larvenstadium und verzehrt das Fettgewebe ihres Wirtes, der sich, seiner Energiereserven beraubt, nicht weiterentwickeln kann und stirbt. Die ausgewachsene

Ein Weibchen von *Macroglenes chalybeus* unter einem Erbsenblatt.

Ein Männchen von *Macroglenes chalybeus* beim Flügelputzen.

Wespenlarve verlässt die Überreste ihres Wirtes und verpuppt sich im Kokon der Gallmücke. Die Entwicklung vom Ei bis zur ausgewachsenen Wespe dauert bei Raumtemperatur durchschnittlich 24 Tage.

Wie die Getreidegallmücken sind auch Erbsengallmücken in der Lage, mehrere Jahre als ausgewachsene Larven im Boden zu überdauern. An diese Entwicklung hat sich auch *Macroglenes chalybeus* angepasst. Sie verbleibt als frisch geschlüpfte Larve in der ausgewachsenen Mückenlarve, solange diese keine Anstalten zur Verpuppung trifft. Erst wenn sich diese verpuppt, startet die Wespenlarve ihren tödlichen Angriff auf ihren Wirt, sei das noch im ersten Jahr oder erst in den folgenden Jahren. Allerdings reduziert sich die Parasitierungsrate mit der Dauer der Superdiapause. Waren es nach der ersten Überwinterung noch 37 %, so sank der Anteil nach der zweiten und dritten Überwinterung auf 18 % und 16 % (Keller & Schweizer 1994). In mehrjährigen Untersuchungen konnten diese Autoren die gute Synchronisierung der Entwicklung von *Macroglenes chalybeus* mit ihrem Wirt bestätigen, wie auch die Beobachtung von Kutter, dass die Art der mit Abstand wichtigste Parasitoid der Erbsengallmücke ist. Je nach Jahr betrug ihr Anteil am Parasitoidenspektrum zwischen 98 und 100 %. Den Rest von maximal 2 % teilten sich 10 andere Arten, alle aus der Familie Platygastridae. Trotz hoher Parasitierungsraten von teilweise über 60 % konnte *M. chalybeus* das Problem nicht lösen. Als Ursache der Massenvermehrung der Erbsengallmücke wurde die Massierung des Erbsenanbaus in geeigneten Gebieten erkannt. Logischerweise bestand die Lösung in der Reduktion der Erbsenanbaudichte.

Gastrancistrus als Parasitoid von *Aphidoletes aphidimyza*

Gallmücken (Cecidomyiidae) leben in der Regel fast ausschließlich vegetarisch. Am Ort, wo das Weibchen die Eier legt, reagiert die Pflanze mit der Bildung einer Galle, die die ausschlüpfenden Gallmückenlarven einzeln oder in Gruppen umschließt. Die Mückenlarven saugen an speziellen Zellen, die das Innere der Gallen auskleiden. Die Gallmücke *Aphidoletes aphidimyza* gehört zu den Ausnahmen. Die Weibchen legen ihre Eier, etwa 100–250 an der Zahl, einzeln in Blattlauskolonien. Die ausschlüpfenden, gelb bis orange gefärbten Larven saugen Blattläuse aus, die sie vorher mit einer Giftinjektion in ein Beingelenk lähmen. Eine *Aphidoletes*-Larve tötet für ihre Entwicklung etwa 50–80 Blattläuse, je nach ihrer Größe. Die Larven sind nach etwa einer Woche ausgewachsen und lassen sich zu Boden fallen, wo sie sich verpuppen. *Aphidoletes aphidimyza* sind sehr effiziente Blattlausräuber, weshalb sie auch zur Bekämpfung von Blattläusen eingesetzt werden.

Nun kommt *Gastrancistrus* ins Spiel. Als der Autor das nebenstehende Bild in den 1980er-Jahren einem bekannten Taxonomen zeigte mit der Bitte um Identifizierung, reagierte dieser etwas überrascht, aber gleichzeitig auch erfreut mit der Antwort: Die Wespe ist uns schon lange bekannt, aber bis jetzt wussten wir nicht, wie sie lebt. Dies ist in der Tat bei den meisten in Sammlungen vorhandenen Schlupfwespen der Fall. Sie

werden mit verschiedenen Fangmethoden gesammelt, ohne ihre Lebensweise zu kennen. Die zahlreichen Arten der Gattung *Gastrancistrus* sind etwa 1,2–3 mm große, dunkelgrün glänzende Erzwespen, die auf verschiedenen Pflanzen nach ihren Wirten suchen. Von welchen Reizen sie sich dabei leiten lassen, ist unbekannt, ebenso wie weitere Details ihrer Lebensweise.

Auf dem Bild sind vier Ernährungsebenen vereint: die Brennnessel, die Große Brennnesselblattlaus, die an ihr saugende *Aphidoletes*-Larve und die *Gastrancistrus*-Wespe, die im Begriff ist, ein Ei in die Gallmückenlarve zu legen.

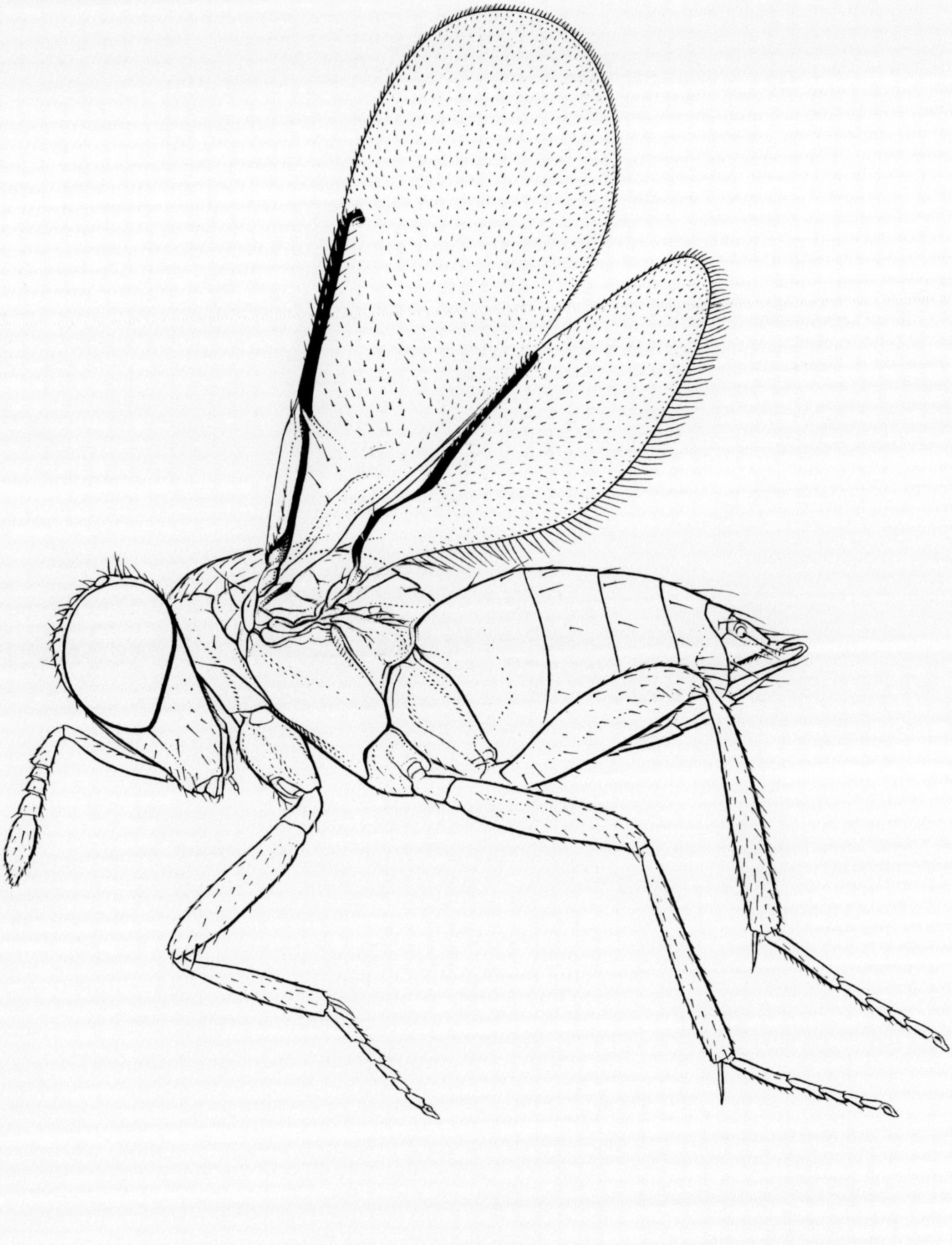

Aphelinus abdominalis,
Weibchen, Größe = 1,3 mm

2.11 | Aphelinidae

Anzahl Arten: Deutschland 47 (Vidal et al. 2022)

Es handelt sich durchweg um sehr kleine Tiere mit Körperlängen zwischen 0,6 und 1,7 mm. Ihre Farbe ist schwarz oder gelblich, höchstens mit angedeutetem Metallglanz. Die Fühler weisen meistens zwischen 1 und 6, selten 7 Geißelglieder auf. Die Füße sind meist fünf-, selten nur vier- oder dreigliedrig. Der Vorderflügel hat nur eine Ader, die am Ende leicht abgewinkelt ist. Der Legebohrer ragt normalerweise wenig vor.

Sie leben meist als solitäre Endoparasitoide bei verschiedenen Pflanzenläusen (Mottenschildläuse, Blattläuse, Blattflöhe, Zikaden und vor allem Schildläuse); einige Arten parasitieren Eier von Schmetterlingen und Fliegen. Unter mittleren Temperaturbedingungen dauert ihre Entwicklung etwa 2 Wochen. Die Weibchen leben etwa 3 Wochen und können in dieser Zeit bis zu etwa 100 Eier legen, unabhängig davon, ob sie begattet oder unbegattet sind. Im letzteren Fall entwickeln sich aus den Eiern ausschließlich Männchen. Die Weibchen ernähren sich vor allem vom Blut ihrer Opfer, das nach mehreren Einstichen ausfließt. Damit verursachen sie eine ähnlich hohe Sterblichkeit ihrer Opfer wie durch die Parasitierung (Starý 1989). Die Familie enthält einige Arten, die für die biologische Bekämpfung eingesetzt werden, wie die aus Südamerika stammende *Encaria formosa* zur Bekämpfung von Weißen Fliegen (Aleyrodidae) oder die aus den USA stammende *Aphelinus mali*, die in Europa zur Bekämpfung der ebenfalls aus den USA eingeschleppten Blutlaus *(Eriosoma lanigerum)* eingesetzt wird.

Zahlreiche Arten aus verschiedenen Gattungen pflanzen sich auf ungewöhnliche Weise fort. Der einfachste Fall der ungewöhnlichen Fortpflanzungsweise ist der, dass sich die Männchen ektoparasitisch bei einer bestimmten Wirtsart entwickeln, während die Weibchen Endoparasitoide der gleichen Wirtsart sind. Komplizierter wird es, wenn sich die Männchen als Hyperparasitoide entwickeln. Es gibt Arten, bei denen sie männliche oder weibliche Larven der eigenen Art parasitieren (Autoparasitismus). Männchen anderer Arten wiederum können sich nur in männlichen oder weiblichen Larven anderer Parasitoide entwickeln (Alloparasitismus). Beinahe grotesk ist die Entwicklung von *Pteroptrix orientalis*, einem Parasitoiden von Pfirsichschildläusen. Bei dieser Art legt das Weibchen entweder ein Ei oder zwei Eier in ihr Opfer ab. Legt es zwei Eier, so entwickelt sich aus dem einen Ei immer ein Weibchen und aus dem anderen ein Männchen. Aus beiden Eiern schlüpfen die Larven etwa gleichzeitig. Während sich die weibliche Larve rasch entwickelt, verbleibt die männliche Larve vorerst in einem Ruhezustand. Sobald die weibliche Larve das Vorpuppenstadium erreicht hat, wird die männliche Larve aktiv und tötet die Schwester (Viggiani & Garonna 1986). Die Frage, wie und weshalb sich dieses ungewöhnliche Fortpflanzungsverhalten entwickelte, ist unklar.

Aphelinus asychis

Die Art parasitiert Blattläuse und dürfte eine der bekanntesten, einheimischen Vertreterinnen ihrer Familie sein. Die Weibchen sind etwa 1–1,5 mm groß, haben einen gelben Hinterleib, während Kopf und Brust sowie Teile der Beine schwarz sind. Sie bevorzugen Erbsenblattläuse *(Acyrthosiphon pisum)* als Opfer, doch auch einige andere Arten werden attackiert. Eiablagen erfolgen mehrheitlich in junge Blattläuse. Das Eiablageverhalten ist sehr charakteristisch. Das Weibchen nähert sich langsam einer Blattlaus, wobei die Fühler stets in Bewegung sind, schließlich die Blattlaus berühren und betasten (Abb. oben). Ist die Blattlaus als potenzielles Opfer erkannt, weicht die Wespe etwas zurück, dreht sich um 180 Grad und nähert sich langsam rückwärts schreitend der Blattlaus, streckt den vorher unsichtbaren Legebohrer und sticht ihn schließlich in den Körper der Blattlaus (2. Abb. von oben). Der Eiablageprozess kann bis zu mehr als einer Minute dauern. Die Opfer zeigen interessanterweise kaum Abwehrreaktionen. Die Wespenweibchen sind in der Lage, unparasitierte von bereits parasitierten Blattläusen zu unterscheiden. Dieser Unterscheidungsprozess erfolgt offenbar erst nach dem Einstich des Legebohrers in die Blattlaus. Bei bereits parasitierten Blattläusen wird der Legebohrer bald wieder zurückgezogen, ohne dass eine Eiablage erfolgte. Daraus kann geschlossen werden, dass im Körper von parasitierten Blattläusen Substanzen enthalten sind, die von den Sensillen am Legebohrer erkannt werden und die Wespe zum Rückzug veranlassen (Wang et al. 2021).

Die Entwicklung der Wespenlarve dauert etwa eine Woche. Die Verpuppung erfolgt innerhalb der Blattlaushülle, wobei sich diese schwarz verfärbt (2. Abb. von unten). Aus dieser sogenannten Mumie schlüpft nach etwa einer weiteren Woche die junge Wespe (Abb. unten). *Aphelinus asychis* entwickelt mehrere Generationen pro Jahr.

Andere Arten

Wer Aphelinidae beobachten möchte, tut dies am besten in Blattlauskolonien. Allerdings braucht es etwas Geduld und ein gutes Auge, um die Winzlinge in ihren Wirtskolonien ausfindig zu machen (Abb. S. 104 oben und Mitte). Gute Chancen bieten sich im Sommer auf den übersichtlichen Schilfblättern. Schilf ist der Nebenwirt der Mehligen Zwetschgenblattlaus *(Hyalopterus pruni)*, dort bildet sie auf den Blattunterseiten oft größere Kolonien. Die kleinen Wespen sind recht gut auszumachen. Beobachten lassen sich sowohl Parasitierungsverhalten wie auch host feeding (Abb. S. 104 unten). Mit etwas Glück kann auch eine einheimische *Encarsia*-Art beim Parasitieren von Weißen Fliegen beobachtet werden (Abb. S. 105 oben). Wo immer es Ansammlungen von anderen potenziellen Wirten wie Blattflöhen oder Schildläusen gibt, besteht auch eine gewisse Wahrscheinlichkeit, ihre Parasitoide anzutreffen (Abb. S. 105 unten).

Aphelinus asychis:

Ein Weibchen prüft eine junge Erbsenblattlaus.

Eiablage.

Parasitierte Getreideblattläuse. Weiß sind eine Blattlausexuvie und das längliche Ei einer Schwebfliege zu erkennen.

Die fertig entwickelte Wespe verlässt die Blattlausmumie.

Eine unbekannte *Aphelinus*-Art bei der Eiablage in eine Blattlaus auf Efeu.

Die gleiche Art beim host feeding.

Hier handelt es sich wahrscheinlich um *Aphelinus asychis*, die eine Blattlaus auf Schilf parasitiert.

Rechte Seite:

Eine einheimische *Encarsia*-Art bei der Eiablage in die Larve einer Weißen Fliege auf Kohl.

Eine Vertreterin der Aphelinidae parasitiert eine Schildlaus.

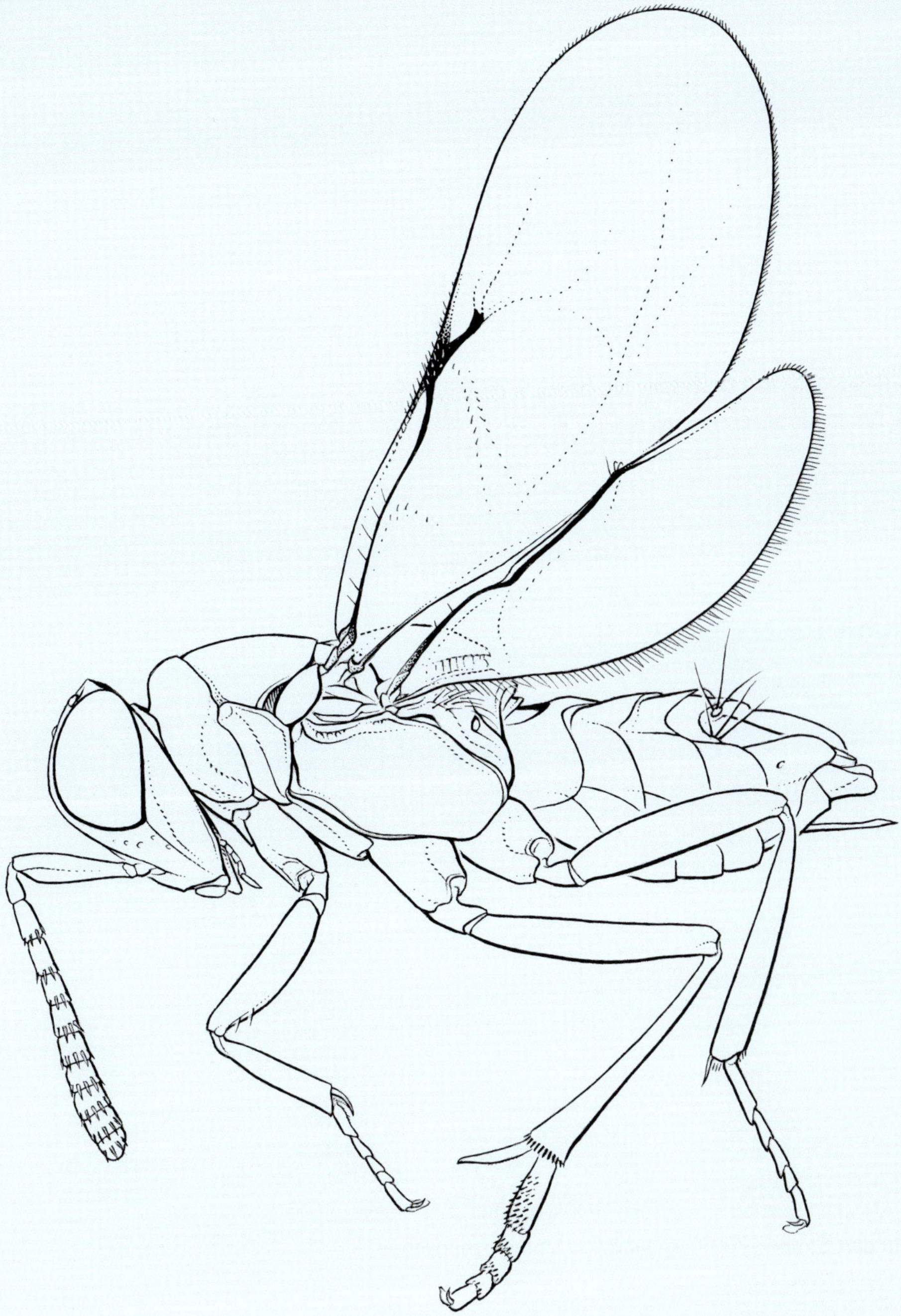

Microterys sp., Weibchen,
Größe = 2,2 mm

2.12 | Encyrtidae

Anzahl Arten: Deutschland 193 (Vidal et al. 2022)

Die Arten dieser Familie haben eine Körperlänge von 0,6 bis 3 mm. Der Körper ist meist mehr oder weniger glänzend metallisch und weist eine glatte Oberfläche auf. Die Antennen verfügen über 3–9 Geißelglieder, Ringglieder fehlen meistens. Bei den Männchen sind die Antennen selten verzweigt. Die Füße sind meist fünf-, selten viergliedrig. Das Flügelgeäder des Vorderflügels ist auf eine einzige, kurz verzweigte Ader reduziert. Das Stielchen zwischen Mesosoma und Gaster ist nur kurz und oft verborgen. Der Legebohrer ragt nur wenig hervor, selten ist er lang.

Die meisten Arten sind Endoparasitoide von Schildläusen (Coccoidea), andere parasitieren Eier und Larven von Käfern (Coleoptera), Schmetterlingen (Lepidoptera), Hautflüglern (Hymenoptera) und anderen Familien. Arten des Tribus Copidosomatini sind Ei-Larven-Parasitoide von Schmetterlingen, wobei aus einem einzigen Ei durch Zellteilung bis über 3000 Nachkommen entstehen können (Polyembryonie).

Copidosoma truncatellum, die Vermehrungskünstlerin

Die Raupen der nachtaktiven Eulenfalter (Noctuidae), die Eulenraupen, sind sehr verbreitet und können unserer Landwirtschaft und unseren Gemüsegärten empfindliche Schäden zufügen. Normalerweise werden sie von natürlichen Feinden in Schranken gehalten, sodass sie nur selten zu einem Problem werden. Einer dieser natürlichen Feinde ist die winzig kleine Erzwespe *Copidosoma truncatellum.* Ihr geht es weniger darum, die Bauern und Gärtner vor Schaden zu bewahren, sondern um die Maximierung ihres Vermehrungspotenzials.

Diese dunkelgrünlich bis schwarz schillernde, knapp 2 mm lange Wespe hat dazu eine besonders eindrückliche Strategie entwickelt. Sie legt 1–2 Eier in das Ei eines Eulenfalters (Abb. S. 108 links). Legt sie nur ein Ei, ist dieses befruchtet und es entstehen daraus nur weibliche Nachkommen. Meistens legt sie aber zwei Eier, wobei das zweite unbefruchtet ist und folglich Männchen daraus entstehen. Die weitere Entwicklung schildert Strand (2009) anhand von Untersuchungen an der Schwesterart *Copidosoma floridanum* wie folgt: Noch im Wirtsei entwickeln sich die Wespeneier zu Embryonen, die nur aus einzelnen Zellen bestehen. Nach dem Schlüpfen der Wirtsraupe beginnen die Embryonen, sich nach dem Prinzip von eineiigen Mehrlingen zu teilen, um schließlich eigentliche Embryonenverbände zu bilden. Hat die Wirtsraupe die Hälfte ihrer Entwicklung erreicht, lösen sich einige Wespenembryonen aus den Verbänden. Aus ihnen entstehen sogenannte Soldatenlarven von schlanker Gestalt und mit gut entwickelten Kiefern. Während die männlichen Soldatenlarven inaktiv sind, töten die weiblichen konkurrierende

Parasitoide, aber auch männliche Embryonen, und sorgen so dafür, dass letztlich mehr weibliche Wespen entstehen. Das Schicksal der Raupe aber ist besiegelt, denn nun setzt die Entwicklung der restlichen Embryonen zu «normalen» Wespenlarven ein. Zwar ernähren sie sich vorerst nur vom Blut der Wirtsraupe, doch spätestens mit der Häutung zum zweiten und gleichzeitig letzten Larvenstadium setzt der Angriff der Wespenlarven auf sämtliche Organe der Wirtslarve ein, bei dem auch die Soldatenlarven nicht verschont werden. Die Entwicklung der Parasitoidenlarven ist derart gut mit der Entwicklung der Wirtsraupe synchronisiert, dass Letztere erst unmittelbar vor der Verpuppung getötet wird. Auf diese Weise können die Wespenlarven das Nahrungspotenzial maximal nutzen.

Copidosoma truncatellum und ihre Schwesterart können dank dieser speziellen Lebensweise, die als Polyembryonie bezeichnet wird, mit 1–2 Eiern zwischen 1500 und 3000 Nachkommen in einem einzigen Wirtsinsekt erzeugen (Abb. oben rechts). Nach Stoner & Weeks (1975) entwickelten sich in der weltweit verbreiteten Aschgrauen Höckereule *(Trichoplusia ni)* durchschnittlich 2424 Wespen, wobei Weibchen deutlich in der Mehrheit waren. Polyembryonie ist nur von wenigen Erzwespen bekannt.

Zwei Beispiele von Solitärparasitoiden

Der grünliche Brennnesselblattfloh (*Trioza urticae*, Psyllidae) ist eine häufige und auf Brennnesseln spezialisiert Art. Die Weibchen legen die Eier an den Stängel. Daraus schlüpft eine bewegliche Larve. Die folgenden vier Larvenstadien dagegen sitzen fest und erinnern an Schildläuse. Diese fest sitzenden Stadien sind Wirte von *Syrphophagus ariantes* (Abb. S. 109 oben). Die etwa 1,5 mm große schwarze, leicht bläulich schillernde Wespe mit teilweise gelben Beinen legt ein Ei in eine Larve, die sie im Laufe ihrer Entwicklung vollständig aushöhlt, um sich anschließend in der Larvenhaut des Blattflohs zu verpuppen. Die Abbildung auf S. 109 unten zeigt eine auf dem Foto nicht bestimmbare Encyrtidae, ebenfalls etwa 1,5 mm groß, bei der Eiablage in eine kleine Zikadenlarve, die in einem Weidenkätzchen lebt.

Copidosoma truncatellum bei der Eiablage in die Eier eines Eulenfalters.

In der Hülle der ausgewachsenen Eulenraupe haben sich Hunderte von neuen Schlupfwespen entwickelt.

Syrphophagus ariantes parasitiert eine Larve des Brennnesselblattflohs.

Eine unbestimmte Encyrtidae parasitiert eine Zikadenlarve in einem Weidenkätzchen.

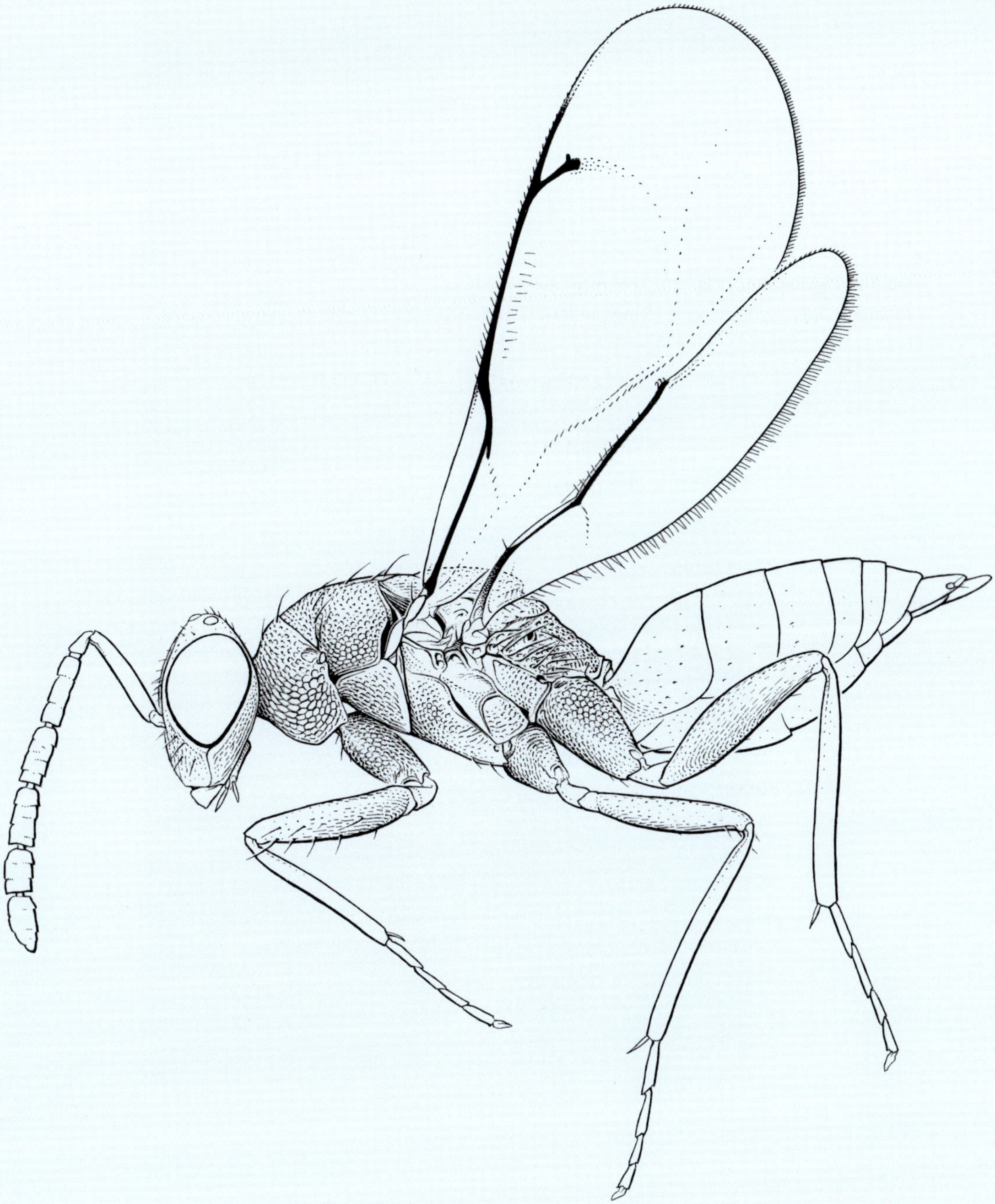

Sympiesis notatus, Weibchen,
Größe = 2,9 mm

2.13 | Eulophidae

Anzahl Arten: Deutschland 442 (Vidal et al. 2022)

Die Vertreter dieser Familie haben eine Körperlänge von 0,4 bis 6 mm. Sie sind oft glänzend metallisch grün gefärbt, manchmal matt schwarz mit mehr oder weniger ausgedehnten gelblichen Partien. Die Antennen besitzen 5–10 Geißelglieder mit bis zu 4 winzigen, kaum erkennbaren Ringgliedern. Bei den Männchen einiger Gattungen sind die Antennen verzweigt. Die Oberfläche des Körpers ist meistens glatt. Die Füße sind viergliedrig. Im Vorderflügel ist eine einzige, verzweigte Ader sichtbar. Das Stielchen kann kurz bis lang sein. Der Gaster ist kurz oval bis sehr lang und zugespitzt. Der Legebohrer ist oft wenig, gelegentlich aber stark vorragend.

Viele Arten leben ektoparasitisch an Larven von Blattminierern. Oft ist hier die ökologische Nische des Wirtes entscheidend, weniger die systematische Zugehörigkeit. So attackieren viele Arten der Unterfamilie Entodoninae Käfer, Schmetterlinge und Dipteren, vorausgesetzt, deren Larven leben als Blattminierer. Einige Eulophiden entwickeln sich in Gallen von Gallmilben (Acari), wieder andere als Eiparasitoide.

Necremnus leucarthros als Parasitoid des Blauen Getreidehähnchens

In Mitteleuropa kommen zwei Arten von Getreidehähnchen vor, das Rothalsige (*Oulema melanopus*, Chrysomelidae) und das Blaue Getreidehähnchen *(Oulema lichenis)*. Ihre Lebensweise ist ziemlich ähnlich. Die Weibchen legen die Eier einzeln auf Blätter verschiedener Getreidearten, bevorzugt von Weizen, seltener auch auf Gräser. Die ausschlüpfenden Larven ernähren sich durch sogenannten Schabefraß bevorzugt an den Spitzen der obersten Blätter. Bei diesem Schabefraß wird nur eine Schicht des Blattes gefressen, was bleibt, erscheint weiß bis silbrig. Bei starkem Befall entstehen Ernteausfälle. Das Rothalsige Getreidehähnchen ist deutlich häufiger als das Blaue. Weil sich Ersteres im Boden verpuppt und Letzteres in einem schaumigen Kokon gewöhnlich an der Ähre, ist es für Untersuchungen leichter zugänglich.

Haeselbarth (1989) beschrieb die Parasitoide, die aus den Schaumkokons schlüpften, die er in Südbayern gesammelt hatte. Darunter waren welche, die bereits die Larven parasitierten, als auch solche, die erst die Vorpuppen oder Puppen in den Kokons attackierten. Er fand sieben Arten von Darwinwespen (Ichneumonidae), nämlich *Lemophagus curtus*, *Diaparsis* sp. (Larvenparasitoide), *Itoplectis maculator, I. alternaris, Scambus annulatus, Bathythrix maculatus* und *Gelis* sp. sowie je eine Art von Pteromalidae *(Trichomalopsis microptera)* und von Eulophidae, nämlich *Necremnus leucarthros*. In seinen Untersuchungen war Letztere die mit Abstand wichtigste Art. Im Durchschnitt schlüpften aus 51% der 2427 gesammelten Puppenkokons Parasitoide, 39% entfielen auf *N. leucarthros*, der Rest auf die übrigen Arten. In einzelnen Feldern lag die Parasitierungsrate durch *Necremnus* über 50%. In seinen Untersuchungen in der Schweiz fand Schärer (1994) in einigen Feldern gar Parasitierungsraten von 100%.

Männchen wie Weibchen von *N. leucarthros* sind 1,7–2,5 mm lang. Sie sind glänzend grün bis blau gefärbt. Die Fühler der Männchen weisen «Seitenäste» auf, die an ein Hirschgeweih erinnern (Abb. oben links). Zur Eiablage durchstechen die Weibchen den Schaumkokon (Abb. S. 112), lähmen oder töten die verpuppungsreife Larve oder die Puppe und legen mehrere Eier an ihr Opfer. Die Larven entwickeln sich als gregäre Ektoparasitoide und verpuppen sich innerhalb des Schaumkokons (Abb. oben rechts). Die ausgewachsenen Wespen verlassen den Kokon durch ein selbst genagtes Loch. Haeselbarth (1989) geht davon aus, dass die Art auch andere Käfer vergleichbarer Größe parasitiert. Wie und wo die Art überwintert, ist unbekannt.

Ein *Necremnus*-Weibchen prüft den Puppenkokon des Blauen Getreidehähnchens.

Das Männchen besitzt auffallende geweihartige Fühler.

Puppen von *Necremnus* im Kokon des Wirtes.

Tetrastichus coeruleus als Parasitoid des Spargelhähnchens

Die Weibchen des Gemeinen Spargelhähnchens *Crioceris asparagi* (Coleoptera, Chrysomelidae) legen ihre etwa 1,5 mm langen Eier an die Blätter von wilden und kultivierten Spargeln. Die ausschlüpfenden Larven fressen an Blättern. Durch den Blattverlust können weniger Reserven in den Wurzeln eingelagert werden, was die Ernte im kommenden Jahr beeinträchtigen kann. Das Gemeine Spargelhähnchen ist deshalb in den Spargelfeldern nicht gerne gesehen, wohl aber einer seiner wichtigsten Feinde, die Erzwespe *Tetrastichus coeruleus.*

Die Weibchen dieser Art sind etwa 2,5–3,5 mm lang und glänzend dunkel blaugrün gefärbt. Die Eier des Spargelhähnchens dienen ihnen sowohl als Nahrung als auch zur Eiablage (Abb. rechts). In die Eier des Hähnchens legt es ein paar wenige Eier, aus denen schon nach kurzer Zeit die Larven schlüpfen. Ihre weitere Entwicklung erfolgt aber erst, wenn sich die Hähnchenlarve zur Verpuppung in den Boden gräbt. Die Wespenlarven fressen das Innere ihres Wirtes vollständig auf und verpuppen sich in seiner Puppenhülle. Im Durchschnitt entwickeln sich in einer Spargelhähnchenpuppe etwa 4–6 Wespen. Neben dem Spargelhähnchen ist nur noch der Zwölfpunkt-Spargelkäfer, *Crioceris duodecimpunctata,* als Wirt von *Tetrastichus coeruleus* bekannt.

Tetrastichus coeruleus bei der Eiablage in ein Ei des Spargelhähnchens.

Tetrastichus coeruleus saugt ein Ei aus, sogenanntes host feeding.

Sympiesis sp. und *Chrysocharis* sp. als Parasitoide der Eichenminiermotte

Die meisten Miniermotten sind kleine bis kleinste dämmerungs- oder nachtaktive Schmetterlinge. Die Weibchen legen die Eier auf die Blattunterseite. Das ausschlüpfende Räupchen frisst sich durch den Eiboden direkt ins Blatt und saugt vorerst Zellen aus. Die folgenden Larvenstadien fressen die Zellen zwischen Blattober- und Blattunterseite. Während die einen Arten einen Fraßgang im Blatt anlegen, der mit zunehmendem Raupenwachstum immer breiter wird, fressen andere am Ort und bilden eine sogenannte Platzmine. Weil die Räupchen zwischen Blattober- und Blattunterseite eingeschlossen sind, fallen sie relativ leicht den Erzwespen zum Opfer. In der Tat gibt es zahlreiche Arten, die sich auf Miniermotten spezialisiert haben. Dazu gehören die beiden abgebildeten Arten. *Sympiesis* (Abb. rechts oben) ist etwa 2–3 mm lang und einheitlich schwarz. *Chrysocharis* (Abb. S. 118 oben) ist etwas kleiner und grün bis blau schillernd. Beide parasitieren die Raupen eines Kleinschmetterlings, die in Eichenblättern minieren. Wahrscheinlich handelt es sich dabei um *Tischeria ekebladella*.

Wie sie ihren minierenden Wirt finden, ist im Detail nicht bekannt. Über die Wirt-Parasitoid-Beziehungen gibt es aber Untersuchungen an verwandten Arten, den Apfelblatt-Miniermotten *Phyllonorycter malella* und *P. blancardella* (siehe Dorn et al. 1999). Beide Arten werden unter anderem von *Sympiesis sericeicornis* parasitiert, vorwiegend ältere Raupenstadien und Puppen. Ältere Raupen verursachen mit ihren Bewegungen und mit dem Fressen charakteristische Vibrationen, bei Puppen sind es die windenden Bewegungen mit dem Abdomen. Die Autoren gingen der Frage nach, ob die Wespe bei der Nahorientierung und beim Lokalisieren des Opfers diese Stimuli nutzt, wie das zum Beispiel bei *Pimpla turionellae* (Ichneumonidae) zusammen mit visuellen Stimuli bekannt ist (Fischer et al. 2001). Überraschenderweise stellten Dorn et al. (1999) fest, dass die Suchaktivität der Wespen (gemessen an der Zahl der Einstiche mit dem Legebohrer in die Blattmine) intensiver war, wenn sich die Blattminierer ruhig verhielten, als wenn sie aktiv waren. Die Wespen waren also in der Lage, die Vibrationen wahrzunehmen, trotzdem nutzten sie sie nicht zur Lokalisierung ihrer Wirte. Dagegen spielten die Vibrationen eine Rolle, um den Mineninhalt abzuschätzen. Diesbezüglich erwies sich *Sympiesis* als sehr effizient: Casas (1989) konnte nie beobachten, dass die Wespen Eier in unpassende oder tote Wirte legten oder gar in leere Blattminen. Andererseits reagierten fressende Raupen nicht auf Vibrationen, die von Laufbewegungen der Wespe erzeugt wurden. Erst wenn diese begann, mit dem Legebohrer in die Mine zu stechen, begannen sie, wie auch allenfalls vorhandene Puppen, sich zu winden und zu zappeln. In 10 % der Fälle konnten sich die potenziellen Opfer dadurch der Parasitierung entziehen (Casas 1989, Meyhöfer et al. 1997).

Eine *Sympiesis*-Art parasitiert eine Miniermotte in einem Eichenblatt.

Die solitäre, ektoparasitische Larve saugt die Eichenminiermotte aus.

Ektoparasitoide von minierenden Insekten, seien es Raupen oder Fliegenmaden, lähmen oder töten ihren Wirt normalerweise, bevor sie ein Ei oder mehrere Eier an seine Haut legen. Auf diese Weise ist das Opfer bewegungslos und kann weder Eier noch Larven durch Bewegungen abstreifen. Endoparasitoide dagegen stechen ihre Eier in den Körper ihrer Opfer. So besteht keine Gefahr, dass ihr Nachwuchs durch ihre Bewegungen verloren geht, und sie können erst noch vom Wachstum ihres Wirtes profitieren. Ein weiterer Unterschied zwischen diesen beiden Typen von Parasitierungen besteht darin, dass Ektoparasitoide sich frei neben den Überresten seiner Opfer verpuppen, während Endoparasitoide sich meistens in der Larvenhülle ihrer Opfer verpuppen und dadurch etwas besser geschützt sind.

Eine *Chrysocharis*-Art bei der Eiablage in eine Eichenminiermotte.

Der geöffnete Kokon zeigt die Puppen eines Gregärparasitoiden in einem Spitz-Ahornblatt.

Aulogymnus-Arten als Parasitoide von Eichengallwespen

Rund 80 % der mitteleuropäischen Gallwespenarten leben auf Eichen. Praktisch alle Organe der Eiche von den Wurzeln über Knospen, Blätter, Blüten bis zu den Eicheln können befallen sein. Blattunterseiten können dabei richtiggehend von Gallen übersät sein. Deshalb wundert es auch nicht, wenn diese Gallen bzw. deren Bewohner Ziel von einer großen Zahl von Parasitoiden sind. Ähnlich wie minierende Insekten sind auch gallenbildende Insekten eingeschlossen und können sich Angriffen von Feinden nicht entziehen. Hier seien zwei Vertreter der Eulophiden vorgestellt.

Aulogymnus skianeuros ist eine etwa 2 mm große, dunkelgrün-bräunlich glanzende Art mit auffallend roten Augen. Die Abb. rechts oben zeigt sie bei der Eiablage in eine noch wenig entwickelte Galle der Pfennig-Gallwespe *(Neuroterus numismalis)*. In der Galle wächst eine einzige Gallwespenlarve heran. Wie sich die Wespe entwickelt, ist nicht bekannt. Dies gilt auch für die etwa gleich große *Aulogymnus arsames*. Diese Art lebt als Parasitoid der Schwammgallwespe *(Biorhiza pallida)* an Eichen. Der Name dieser Wespe rührt von der Gallenform her, die einem bis zu etwa 4 cm Durchmesser großen Schwamm ähnelt. In diesen Gallen entwickeln sich in separaten Kammern Dutzende von Gallwespen. Jene Gallwespenlarven, die sich im Zentrum der Galle entwickeln, sind besser vor Angriffen der Erzwespen geschützt als jene, die sich nahe der Oberfläche befinden. *Aulogymnus arsames* hat nur einen kurzen Legebohrer, mit dem sie nur die an der Oberfläche befindlichen Gallenkammern anstechen kann. Wie die Abb. rechts unten zeigt, erfolgt die Eiablage bereits in einem frühen Stadium der Gallenbildung.

Aulogymnus skianeuros bei der Eiablage in eine junge Galle der Pfennig-Gallwespe *(Neuroterus numismalis)*.

Aulogymnus arsames bei der Eiablage in die Galle der Schwammgallwespe *(Biorhiza pallida)*.

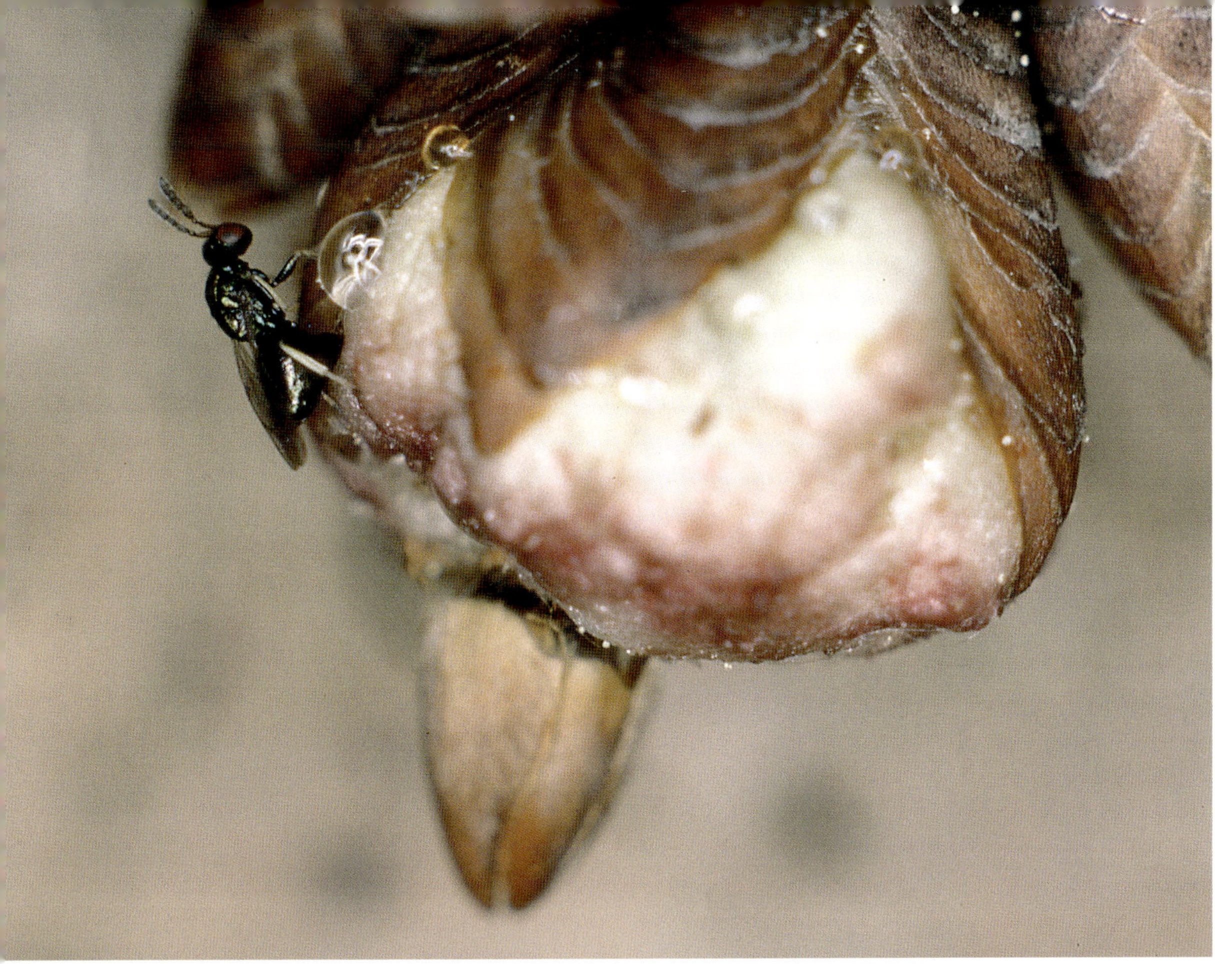

Dichatomus acerinus, Parasitoid der Ahorngallwespe?

Diese etwa 1,5 mm große Wespe gilt als der bekannteste Parasitoid der Ahorngallwespe. Das Weibchen legt mehrere Eier in die sich entwickelnden Gallen ihres Wirtes. Bereits stecknadelkopfgroße Gallenansätze werden belegt. Es ist nicht bekannt, welche Rolle das Wirtsei oder die Wirtslarve bei der weiteren Gallenbildung spielt. Die ausschlüpfenden *Dichatomus*-Larven saugen an der Gallenwand. Dies hat zur Folge, dass die befallenen Gallen ihre kugelige Form verlieren und kantigere Konturen annehmen. Es scheint so, als ob die spitzigen Ausbuchtungen an den Saugstellen entstehen. Das Galleninnere ist nicht mehr hohl, sondern mit Gewebe gefüllt, in dem sich in separaten Kammern die Larven von *Dichatomus* entwickeln. Vom ursprünglichen Bewohner ist nichts mehr erkennbar. Die Umstände weisen darauf hin, dass *D. acerinus* entweder den ursprünglichen Bewohner bereits im Ei- oder im Larvenstadium tötet oder dass er vom wuchernden Gallengewebe erdrückt wird. Demzufolge ist *Dichatomus acerinus* nicht als Parasitoid einzustufen, sondern als Inquiline, als Eindringling in eine fremde Galle, in der er sich von Pflanzengewebe ernährt. *Dichatomus* überwintert in den verholzten Gallen, die mit den Ahornblättern zu Boden gefallen sind. *Dichatomus* wiederum wird von einer Eurytomiden-Art parasitiert (siehe Abschnitt «Eurytomidae»).

Dichatomus acerinus bei der Eiablage in eine junge Galle der Ahorngallwespe.

Die aufgeschnittene verholzte Galle zeigt vier überwinternde Puppen von *Dichatomus acerinus.*

Weitere Beispiele

Omphale sp. als Parasitoid von Gallmücken

Diese Wespen sind etwa 2 mm lang. Die Weibchen haben einen kräftigen, vorragenden Legebohrer. Die meisten *Omphale*-Arten parasitieren Gallmücken, so wie die Platygastridae (siehe diesen Abschnitt). Die Abbildung oben zeigt eine *Omphale*-Art bei der Eiablage in eine Himbeerblütenknospe, die von Gallmücken befallen ist.

Eulophus ramicornis als Raupenparasitoid

Diese Art, früher auch unter dem Namen *Eulophus larvarum* bekannt, hat ein sehr breites Wirtsspektrum. Die Art parasitiert Raupen, die Blätter von Laubbäumen fressen. Shaw (1987) erwähnt für Großbritannien 19 Schmetterlingsarten aus verschiedenen Familien. Die Weibchen zeichnen sich durch ein spezielles Eilegeverhalten aus (Shaw 1987). Sie legen ihre Eier nur an größere Raupen und das nur innerhalb weniger Minuten, nachdem sich diese gehäutet haben. Um sicherzustellen, dass sie

Eine *Omphale*-Art sticht in eine Himbeerblütenknospe, um die im Inneren lebenden Gallmückenlarven zu parasitieren.

diesen Moment nicht verpassen, begleiten sie potenzielle Opfer und stechen mit dem Legebohrer immer wieder unter die Haut. Offensichtlich erhalten sie auf diese Weise Informationen über den Fortschritt bei der Bildung der neuen Haut. Kaum ist die alte abgestreift, steigt das Weibchen auf den Rücken der Raupe und injiziert ein nicht lähmendes Gift, das einige Tage später dazu führt, dass die Raupe das Fressen einstellt, sich nicht mehr häutet und am Ort verharrt. Nach der Giftinjektion legt die Wespe zahlreiche Eier in die Falten zwischen den hinteren Segmenten des Abdomens. Dort beginnt die Entwicklung der Larven, vorerst von außen kaum wahrnehmbar. Erst gegen Ende der Entwicklung werden die nun fast ausgewachsenen, grünen Larven sichtbar (Abb. unten links). Zur Verpuppung bilden die Larven einen mehr oder weniger geordneten Kreis um die Überreste ihres Opfers (Abb. unten rechts). An einer Raupe entwickeln sich üblicherweise zwischen 1 und 15 Larven, im Extremfall können es aber auch 50 sein. Die Puppen unterscheiden sich farblich. Aus den braunen Puppen schlüpfen nach etwa 2 Wochen die Wespen, die für eine zweite Generation sorgen, während die schwarzen Puppen überwintern.

Larven von *Eulophus ramicornis* kurz vor der Verpuppung.

An der Blattunterseite haftende Puppen von *Eulophus ramicornis*.

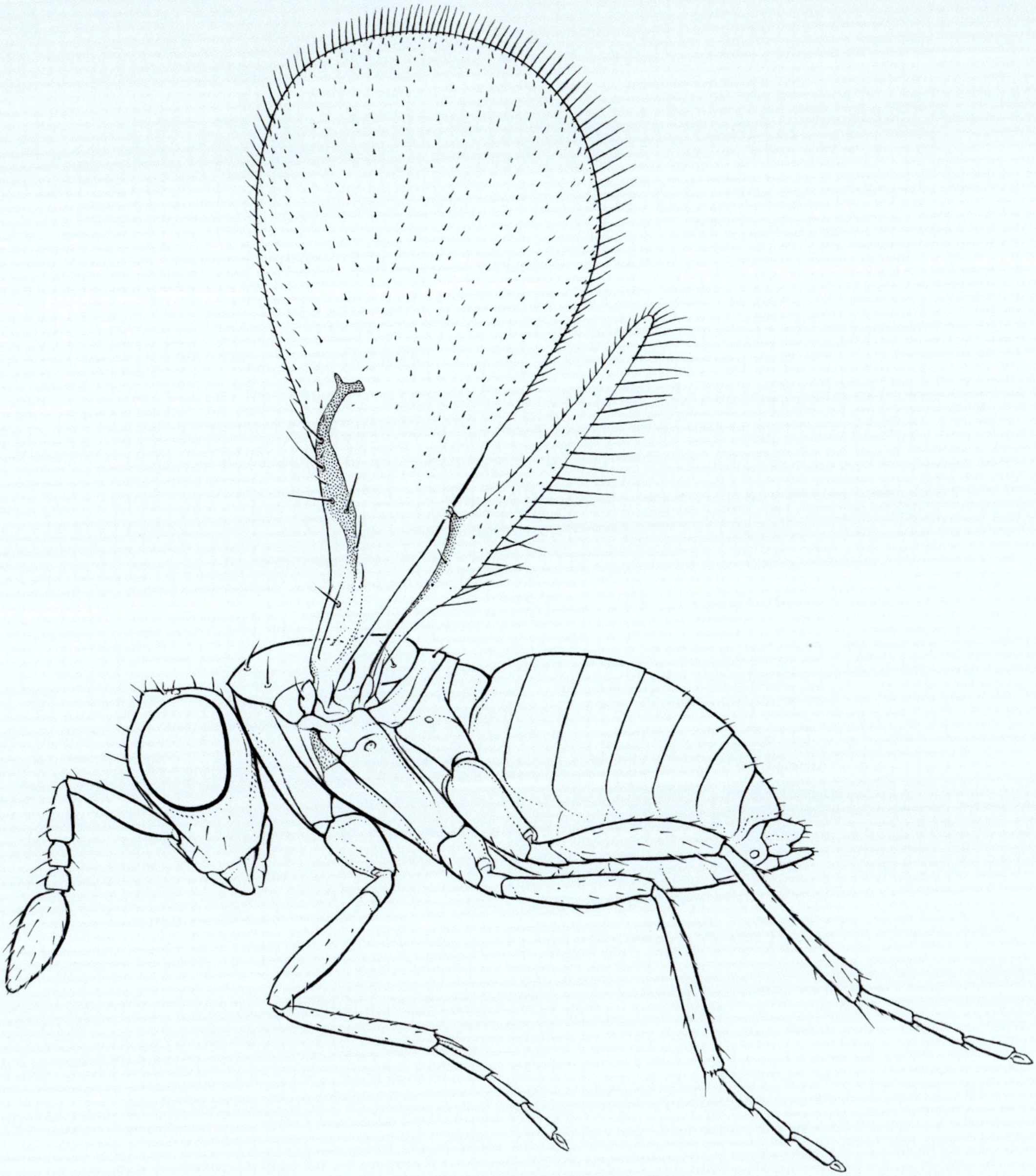

Trichogramma brassicae,
Weibchen, Größe = 0,5 mm

2.14| Trichogrammatidae

Anzahl Arten: Deutschland 26 (Vidal et al. 2022)

Körperlänge 0,2–1,2 mm. Farbe gelblich mit mehr oder weniger ausgedehnter dunkler Zeichnung, ohne Metallglanz. Die Antennen haben meistens zwischen 3 und 9 Geißelglieder. Die Oberfläche des Körpers ist glatt. Die Füße sind dreigliedrig. Im Vorderflügel ist nur eine, am Ende abgeknickte Ader sichtbar. Auf der Fläche des Vorderflügels sind deutlich mehrere Haarlinien erkennbar. Das Metasoma ist breit angesetzt, ohne differenziertes Stielchen. Der Legebohrer ragt meist nur wenig vor und ist selten lang.

Die Trichogrammatidae sind solitäre oder gregäre Endoparasitoide von Eiern verschiedenster Insekten, darunter Schmetterlinge (Lepidopteren), Wanzen (Hemipteren), Fransenflügler (Thysanopteren) und Hautflügler (Hymenopteren). Ein paar Arten parasitieren Eier von aquatischen Insekten wie Libellen oder Wasserkäfer, wobei sie zur Eiablage unter Wasser tauchen. Die Familie setzt sich aus etwa 80 Gattungen zusammen, von denen die Gattung *Trichogramma* die zahlenmäßig größte und die ökonomisch wichtigste ist. Einige ihrer Vertreter werden häufig in der biologischen Schädlingsbekämpfung eingesetzt. In Mitteleuropa sind dies *T. brassicae* gegen Maiszünsler, *T. cacaeciae* und *T. dendrolimi* gegen Apfel- und Pflaumenwickler, Letztere auch gegen schädliche Schmetterlinge im Gemüsebau sowie *T. evanescens* gegen vorratsschädliche Schmetterlinge. Die einzelnen *Trichogramma*-Arten vermehren sich in der Natur auf verschiedenen Wirten mit unterschiedlichen Eigrößen. Die Fähigkeit existiert auch in Laborzuchten. Dabei wurde festgestellt, dass die Wespenweibchen in der Lage sind, die Größe der Wirtseier abzuschätzen und so viele Eier hineinzulegen, dass die ausschlüpfenden Larven bis zum Ende ihrer Entwicklung den Inhalt des Wirtseis komplett verzehrten. Diese Fähigkeit zur maximalen Nutzung der Nahrungsressourcen setzt leistungsfähige Sinneszellen voraus. In der Tat besitzen sie zahlreiche Typen von Sinneszellen an Antennen, Augen, Mundteilen, Beinen, Flügelansatzstellen und Geschlechtsorganen. Jene am Legebohrer erlauben es den Weibchen, bereits parasitierte von unparasitierten Eiern zu unterscheiden. Um die Leistungen der Sinneszellen in entsprechende Aktivitäten umzusetzen, ist ein entsprechend leistungsfähiges Nervensystem notwendig.

In diesem Zusammenhang haben Neurowissenschaftler höchst bemerkenswerte Entdeckungen gemacht. Polilov (2012) ging von der Frage aus, wie ein so winziges Insekt derart komplexe Leistungen vollbringen kann. Als Erstes stellte er fest, dass das Nervensystem zu einigen wenigen Ganglien verschmolzen ist und dass die Neuronen darin kompakt aneinander liegen. Dank dieser beiden Maßnahmen reduzierte sich das Volumen des Nervensystems deutlich im Vergleich zu anderen Schlupfwespen. Die größte Überraschung bestand aber darin, dass von den rund 7500 Neuronen nur rund 350 einen Zellkern enthielten. Trotz des Fehlens von Kernen in der überwiegenden

Mehrheit der Neuronen ist das Nervensystem in der Lage, komplexe Funktionen wie das Auffinden von Wirten oder das Abschätzen der Größe von Wirtseiern wahrzunehmen. Es war das erste Mal, dass bei einem Tier Neuronen entdeckt wurden, die ohne Kerne funktionieren. Nach Ansicht von Wissenschaftlern liegt diese geringe Neuronenzahl nahe am theoretischen Wert, der für ein funktionierendes Nervensystem und damit für ein lebensfähiges Insekt notwendig ist (van der Woude & Smid 2017).

Auch in Bezug auf *Wolbachia* lieferte *Trichogramma* wertvolle Einblicke. Bei *Wolbachia* handelt es sich um eine äußerst artenreiche Gattung von Bakterien, die bei Wirbellosen, besonders aber bei Insekten weit verbreitet ist. So sollen rund zwei Drittel aller Insektenarten damit infiziert sein (Zindel et al. 2011, Ma & Schwander 2017). Sie leben endosymbiotisch innerhalb von Zellen hauptsächlich der Geschlechtsdrüsen und sind dadurch in der Lage, die Fortpflanzung zu beeinflussen. Wespen mit ihrer haplodiploiden Geschlechtsbestimmung sind dem Einfluss von *Wolbachia* besonders ausgesetzt. Infizierte Weibchen geben die Bakterien über die Eier an die Nachkommen weiter. Der bekannteste Effekt von *Wolbachia*-Infektionen ist die zytoplasmatische Inkompatibilität: Infizierte Männchen können sich nicht mit *Wolbachia*-freien Weibchen fortpflanzen, auch nicht mit Weibchen, die mit einem anderen *Wolbachia*-Stamm infiziert sind. Paaren sich infizierte Weibchen mit *Wolbachia*-freien Männchen, verläuft die Fortpflanzung normal (Werren 1997). Von verschiedenen *Trichogramma*-Arten ist bekannt, dass sie sich parthenogenetisch fortpflanzen. Bei ihnen verhindert *Wolbachia*, dass sich bei der Eibildung der diploide Chromosomensatz nicht in zwei haploide Chromosomensätze trennt. Die entstehenden Eizellen haben folglich bereits zwei Chromosomensätze, wie sie üblicherweise erst nach der Befruchtung entstehen. Diese Weibchen vermehren sich parthenogenetisch, man spricht von Thelytokie. Alle Nachkommen sind Weibchen und übertragen die *Wolbachia*-Bakterien. Behandelt man thelytoke Weibchen mit Antibiotika, werden die Bakterien getötet und die Weibchen werden wieder zweigeschlechtig (Werren 1997). *Wolbachia*-Arten haben noch weitere Möglichkeiten gefunden, um ihre Vermehrung zu optimieren. Da dies nur über die Weibchen erfolgen kann, sind sie bestrebt, die Entstehung von Männchen zu verhindern. Sie sind nicht nur in der Lage, männliche Larven zu töten, sondern auch haploide Eier, aus denen Männchen entstehen würden, zu diploidisieren und damit zu Weibchen zu machen. Eine vollständige Abhängigkeit von Wirt und *Wolbachia* besteht bei der Brackwespe *Asobara tabida*. Bei dieser Art kann die Eibildung nur bei Anwesenheit von *Wolbachia* stattfinden (Dedeine et al. 2001). *Wolbachia* sichert damit beiden Arten das Überleben.

Bei der Eiablage auf einem Gelege eines Eulenfalters besteht zwischen der *Trichogramma*-Wespe und *Copidosoma truncatellum* keine Konkurrenz, wohl aber später im Wirtsei, die zugunsten von *Trichogramma* endet.

Trichogramma-Wespen legen Eier in die Eier des Apfelwicklers.

Zwei Eier des Apfelwicklers. Im linken entwickelt sich eine Wespe, im rechten ein Apfelwicklerräupchen.

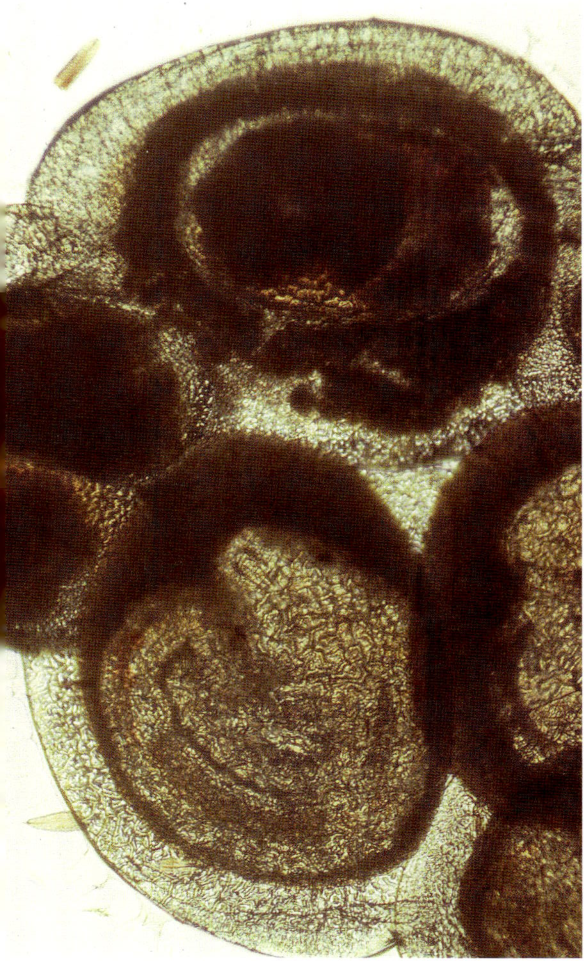

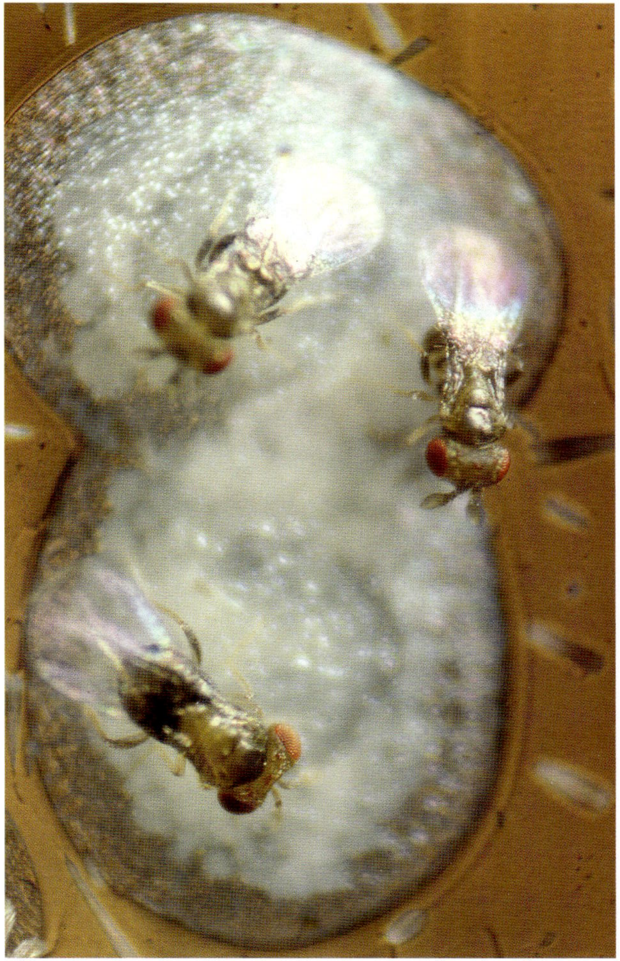

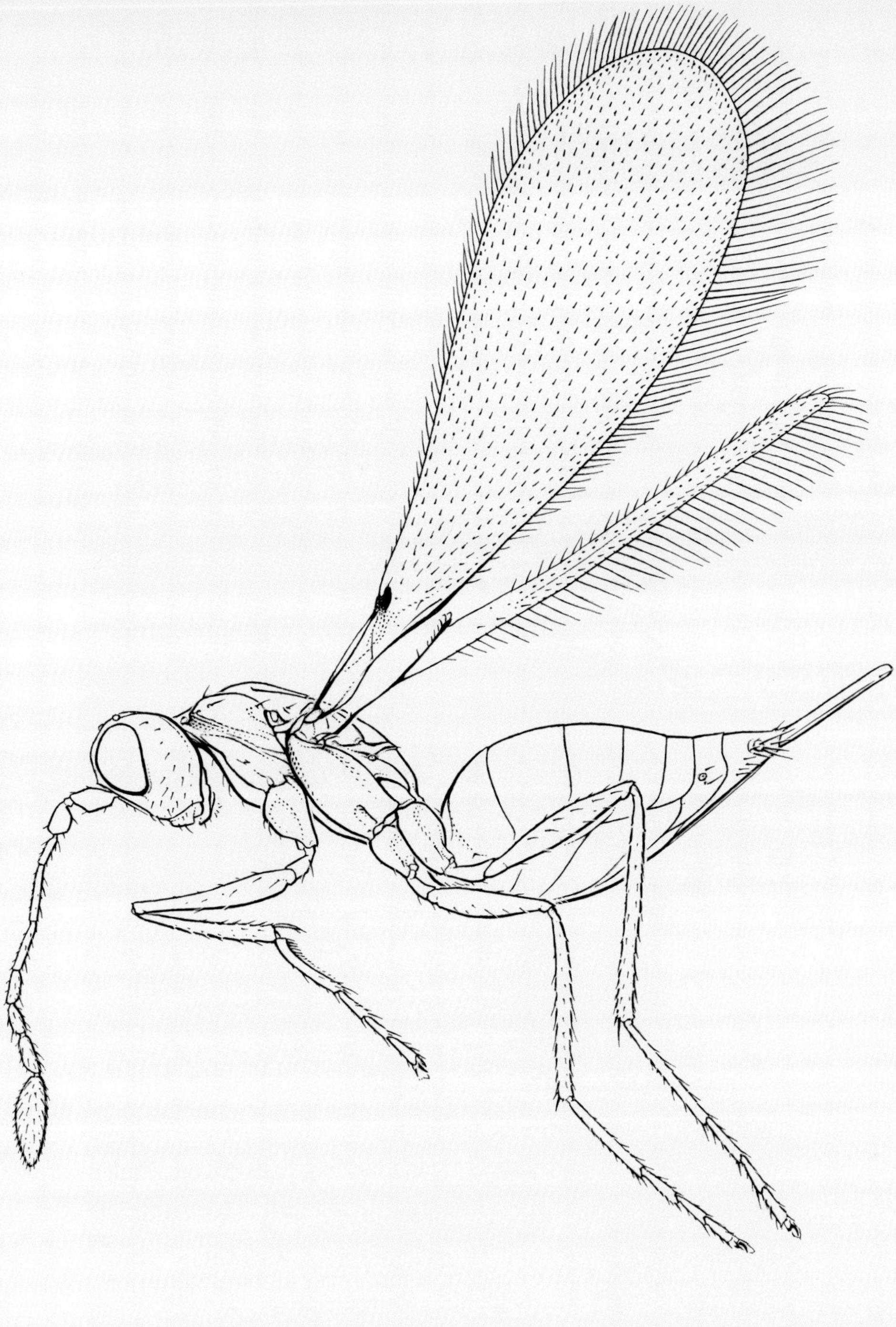

Polynema sp., Weibchen,
Größe = 1,1 mm

2.15 | Mymaridae (Zwergwespen)

Anzahl Arten: Deutschland 88 (Vidal et al. 2022)

Mit der Familie Mymaridae endet die lange Reihe der Erzwespenfamilien (Chalcidoidea).

Die Zwergwespen haben eine Körperlänge von 0,14 bis 1,8 mm. Sie sind schwarz mit mehr oder weniger ausgedehnten gelblichen Partien und ohne Metallglanz. Die Antennen sind nahe beim Augeninnenrand eingelenkt und haben 6–11 Geißelglieder. Die Oberfläche des Körpers ist glatt. Die Füße sind vier- oder fünfgliedrig. Die Vorderflügel weisen eine einzige, meist unverzweigte Ader auf, die Hinterflügel sind gestielt. Die Flügel haben meist lange Fransen. Der Gaster ist kurz oval und der Legebohrer wenig bis stark vorragend.

Zwergwespen sind solitäre oder gregäre Endoparasitoide von Insekteneiern. Zu den Mymariden gehört das kleinste Insekt der Welt, *Dicopomorpha echmepterygis*, deren flügellose Männchen knapp 0,14 mm lang sind. Die Art parasitiert Eier von Staubläusen (Psocoptera).

Anaphes flavipes als Eiparasitoid von Getreidehähnchen (*Oulema* spp.)

Die beiden Arten von Getreidehähnchen, das Blaue und das Rothalsige, legen ihre Eier einzeln an die Mittelrippe auf der Blattoberseite von Getreide und anderen Gräsern. Untersuchungen in der Region Hessen ergaben unterschiedliche Parasitierungsraten durch *Anaphes flavipes* je nach Eiablageort. Auf Getreide waren 8–19 % der Eier parasitiert, auf Quecke 12 % und auf Trespe 0 % (Hua 1987). Der letzte Wert ist insofern interessant, als Trespen im Gegensatz zu den beiden anderen Wirtspflanzen behaarte Blätter haben. Diese halten offensichtlich die Wespen von einem Besuch dieser Grasart ab. Andererseits ist auch die Parasitierung auf Quecke bemerkenswert, die ähnlich hoch war wie jene auf Getreide. Daraus kann geschlossen werden, dass Quecke und wahrscheinlich auch andere Gräser alternative Standorte für *A. flavipes* darstellen und eine Rolle in der konventionellen biologischen Bekämpfung spielen können. Aus der genannten Untersuchung geht auch hervor, dass sich in einem parasitierten *Oulema*-Ei durchschnittlich 2–3 Wespen entwickeln können. Ihre Entwicklung dauert unter Laborbedingungen 10–13 Tage. Ihre Lebensdauer ist bei einer Ernährung mit Zuckerlösung mit rund 6 Tagen relativ kurz. In dieser Zeit gilt es für die Zwergwespen, Wirtseier zu finden, was angesichts der Größenverhältnisse zwischen Vegetation und Wespe eine besondere Herausforderung darstellt.

Anagrus breviphragma als Eiparasitoid bei Zwergzikaden (Cicadellidae)

Chiappini & Solinas (2002) haben die Anatomie und die Lebensweise der Zwergwespe *Anagrus breviphragma* untersucht. Sie legt ihre Eier in die Eier verschiedener Zwergzikaden, unter anderem in jene der Binsenschmuckzikade *(Cicadella viridis)*. In ein Wirtsei wird ein einziges Ei gelegt. Der Legebohrer von *Anagrus* hat einen Durchmesser von rund 0,01 mm und der in seinem Inneren verlaufende Eikanal hat gar nur einen Durchmesser von 0,001–0,002 mm. Entsprechend sind die Eier mikroskopisch klein. Im Vergleich dazu: Das menschliche Haar hat einen Durchmesser von 0,06–0,08 mm. Die ausschlüpfende Wespenlarve ernährt sich vom flüssigen Inhalt des Wirtseis. Mit den zwei spitzen Kiefern kann sie sowohl den sich entwickelnden Wirtsembryo als auch konkurrierende Eiparasitoide wie beispielsweise Trichogrammatiden töten.

Geht es noch kleiner?

Angesichts der Kleinheit der Zwergwespen stellt sich die Frage, wie klein eigentlich ein Insekt sein kann. Denn auch die Zwergwespen haben alle Organe und Strukturen, die zum Überleben notwendig sind: Verdauungstrakt, Kreislaufsystem, Reproduktionsorgane, Nervensystem, Muskulatur und anderes. Jedes System braucht eine minimale Anzahl Zellen, um funktionieren zu können. Besonders zu erwähnen ist die Leistung des Nervensystems, das nicht nur für die räumliche Orientierung verantwortlich ist, sondern auch für Partnersuche und die Suche nach geeigneten Wirten. Dabei müssen unzählige Reize verarbeitet werden. Das alles geschieht in Strukturen, die im Bereich von Tausendstelmillimetern liegen. Müsste man einen Computer herstellen, der die gleichen Leistungen vollbringt, er wäre ohne Zweifel um ein Vielfaches größer. Nach heutigem Stand der Kenntnisse können wir davon ausgehen, dass mit den Zwergwespen das Ende der Miniaturisierung in der Insektenwelt erreicht ist. Im Abschnitt «Trichogrammatidae» wurde bereits auf diese Thematik eingegangen.

Eine Zwergwespe der Gattung *Anagrus* bei der Eiablage in Zikadeneier.

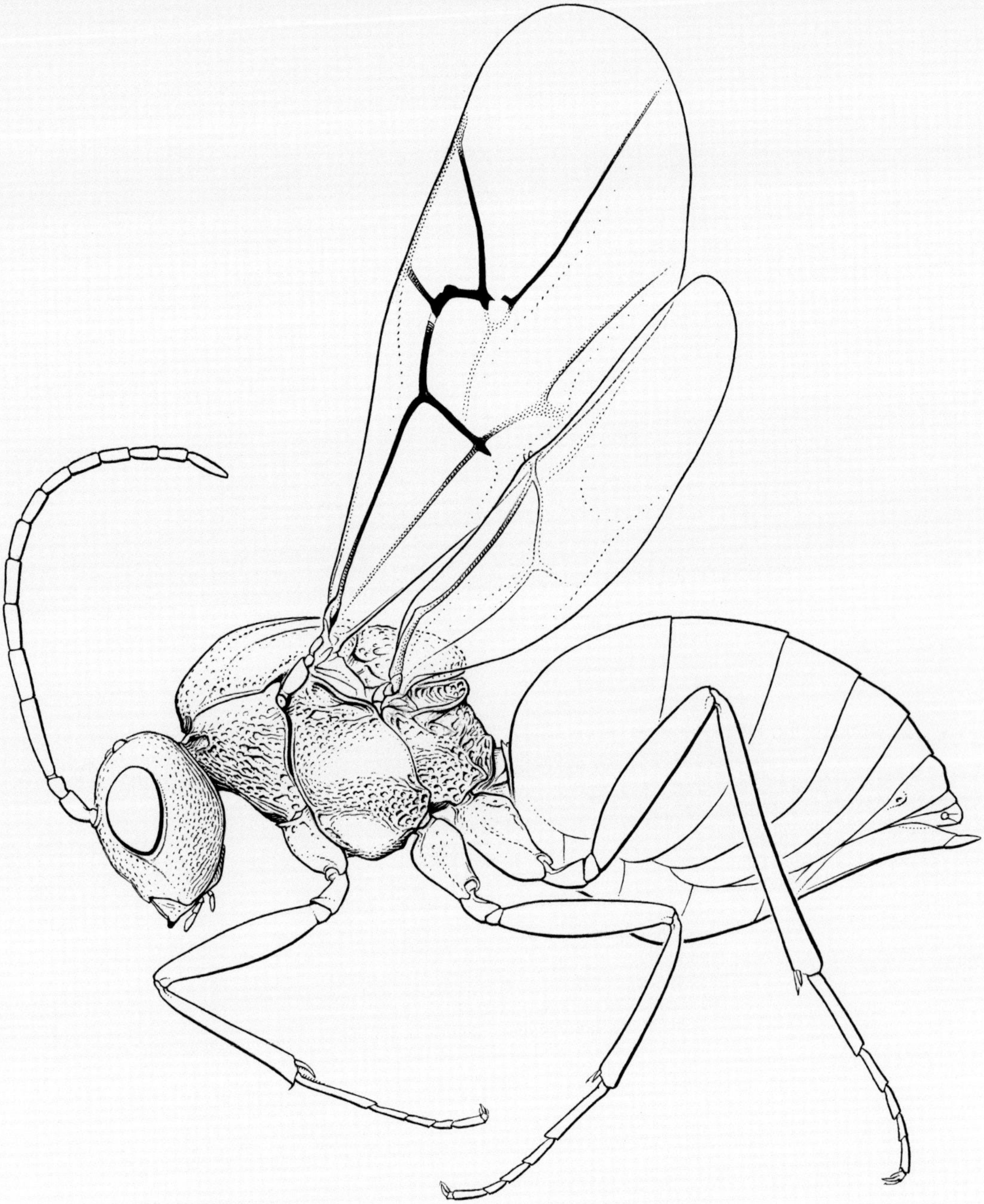

Diplolepis rosae, Weibchen,
Größe = 4,7 mm

Überfamilie Cynipoidea (Gallwespenartige)

Die Gallwespenartigen umfassen weltweit über 3000 beschriebene Arten, viele weitere sind aber noch zu entdecken (van Noort & Broad 2024). Zur Überfamilie gehören die phytophagen Cynipidae (Abschnitt 2.16) und die parasitischen Figitidae (2.17) sowie wenige weitere parasitische Familien. Sie haben eine Körperlänge von 1 bis 10 mm. Wichtigste gemeinsame Merkmale sind das reduzierte, aber mehrfach verzweigte Flügelgeäder und der seitlich zusammengedrückte Hinterleib. Der Legebohrer ist immer verborgen.

2.16| Cynipidae (Gallwespen)

Anzahl Arten: Großbritannien 91 (Forshage et al. 2017)

Gallwespen sind kleine Insekten mit einer Körperlänge von 1 bis 5 (8) mm. Sie haben eine typische bucklige Gestalt und sind meistens braun bis schwarz gefärbt. Die Antennen der Weibchen sind ungekniet und haben 11–12, jene der Männchen 12–13 Geißelglieder. Kopf und Körper sind mehr oder weniger rau skulpturiert, nie glatt. Die Füße sind fünfgliedrig. Der Vorderflügel hat ein wenig verzweigtes Geäder, kein Flügelmal und höchstens eine Flügelzelle, die Radialzelle. Das Stielchen ist kurz und der Gaster seitlich stark zusammengedrückt. Von der Seite betrachtet ist er oval und hinten zugespitzt. Der feine, oft recht lange Legebohrer ist in Ruhestellung kaum vorragend.

Die Gallwespen bilden eine der großen phytophagen Gruppen unter den Schlupfwespen. Die Mehrheit der Arten bildet Gallen, vor allem an Eichen (Vertreter der Cynipini), daneben auch an Rosengewächsen (Vertreter der Rhoditini) und einigen weiteren Pflanzenfamilien. Die Gallenbildung kann in drei Phasen gegliedert werden (Csóka et al. 2005): Die Entstehungsphase beginnt mit der Eiablage. Das Weibchen wählt die Wirtspflanze und den Ort der Eiablage aus. Die einzelnen Arten sind meist an wenige Wirtspflanzen gebunden und legen ihre Eier in ganz bestimmte Pflanzenteile ab, zum Beispiel in Wurzeln, Knospen, Zweigen, Blüten und Blättern. Die Eier werden bevorzugt in Zellen abgelegt, die noch nicht ausdifferenziert sind und so das Gallenwachstum erleichtern. Die angestochenen Zellen lösen sich auf und bilden einen Hohlraum, in den die Larve nach dem Schlüpfen eindringt. Damit beginnt die Wachstumsphase, bei der die Larve die Kontrolle über die folgenden Zelldifferenzierungen ausübt. Die Larvenkammer vergrößert sich und gleichzeitig bildet sich ein Netz von Gefäßbündeln, das die wachsende Galle mit Nährstoffen versorgt. Im Innern ist die Galle mit nachwachsenden Nahrungszellen ausgerüstet, die von der Larve abgeweidet werden. Die äußeren Schichten der Galle bestehen aus stabilerem Gewebe. Die Gallen auf Blättern sind dazu fähig, die Fotosynthese der befallenen Blätter zu erhöhen und so zu mehr Assimilaten zu gelangen, was letztlich dem Gallenbewohner zugutekommt. Die Reifungsphase setzt ein, wenn die Larve die Nahrungszellen abgeweidet hat und ausgewachsen ist. Häufig verholzt die Gallenwand und macht die Galle für Pflanzenfresser unattraktiv, gleichzeitig aber auch widerstandsfähig gegen Umwelteinflüsse. Dies ist namentlich bei jenen Arten wichtig, bei denen die Galle mit oder ohne Blatt zu Boden fällt und dort den Winter überstehen muss.

Manche Gallwespenarten haben die Fähigkeit zur Gallenbildung verloren. Die Arten des Tribus Synergini leben als Einmieter, sogenannte Inquilinen, in den Gallen anderer Gallwespen. Dabei töten sie meistens den Verursacher der Galle, selten kommt es zu einem friedlichen Zusammenleben. Manche Arten haben die Fähigkeit, sich in der Gallenwand ihres Wirtes einzunisten. Auch die Inquilinen leben phytophag wie die übrigen Gallwespen.

Ein interessantes Phänomen ist der Generationenwechsel (Heterogonie), den die meisten einheimischen Gallwespen durchlaufen. Auf eine Generation, die sich geschlechtlich fortpflanzt, folgt eine Generation, die sich ungeschlechtlich (parthenogenetisch) fortpflanzt. Die Frage, wie parthenogenetisch sich fortpflanzende Weibchen männliche und weibliche Geschlechtstiere hervorbringen können, ist bis heute noch weitgehend ungeklärt. Die wahrscheinlichste Hypothese geht davon aus, dass die Weibchen der sexuellen Generation zwei Typen von parthenogenetisch sich fortpflanzenden Weibchen produzieren: solche mit männlichen Nachkommen (Androphore) und solche mit weiblichen Nachkommen (Gynephore). Doch damit nicht genug. Damit die Hypothese funktionieren kann, müssen die androphoren Weibchen zwei Typen von Männchen hervorbringen. Aus der Paarung des einen Männchentyps mit einem Weibchen entstehen Gynephore, aus der Paarung des anderen Männchentyps mit einem Weibchen entstehen Androphore (Csóka et al. 2005).

Bei Arten mit Generationenwechsel unterscheiden sich die Individuen der beiden Generationen deutlich, ebenso die von ihnen verursachten Gallen, die zudem an unterschiedlichen Stellen der Wirtspflanze vorkommen. In Unkenntnis dieses Generationenwechsels haben frühere Entomologen die beiden Formen als eigene Arten betrachtet und ihnen deshalb unterschiedliche Namen gegeben.

Die Gallen sind artspezifisch geformt. An ihnen lässt sich die Art des Verursachers oft leichter bestimmen als am Insekt selbst. Die Gallen bestehen meistens aus einer harten Hülle, die von verschiedenen Strukturen bedeckt sein kann. Das Innere der Galle besteht aus weichem Gewebe, das der Larve als Nahrung dient. Das Wachstum der Galle wird von der Larve gesteuert. Stirbt die Larve, wächst die Galle nicht mehr weiter. Die Gallen der meisten einheimischen Gallwespen bestehen aus einer einzigen Kammer mit einer einzigen Larve. In den mehrkammrigen Gallen, wie sie die Rosengallwespen *(Diplolepis rosae)* auf Wildrosen (Abb. S. 143) oder Schwammgallwespen *(Biorhiza pallida)* auf Eichen (Abb. rechts) verursachen, entwickelt sich jede einzelne Larve in einer separaten Kammer. Die ausgewachsenen Larven verpuppen sich innerhalb der Kammern. Als ausgewachsene Insekten verlassen sie die Gallen durch ein selbst genagtes Loch.

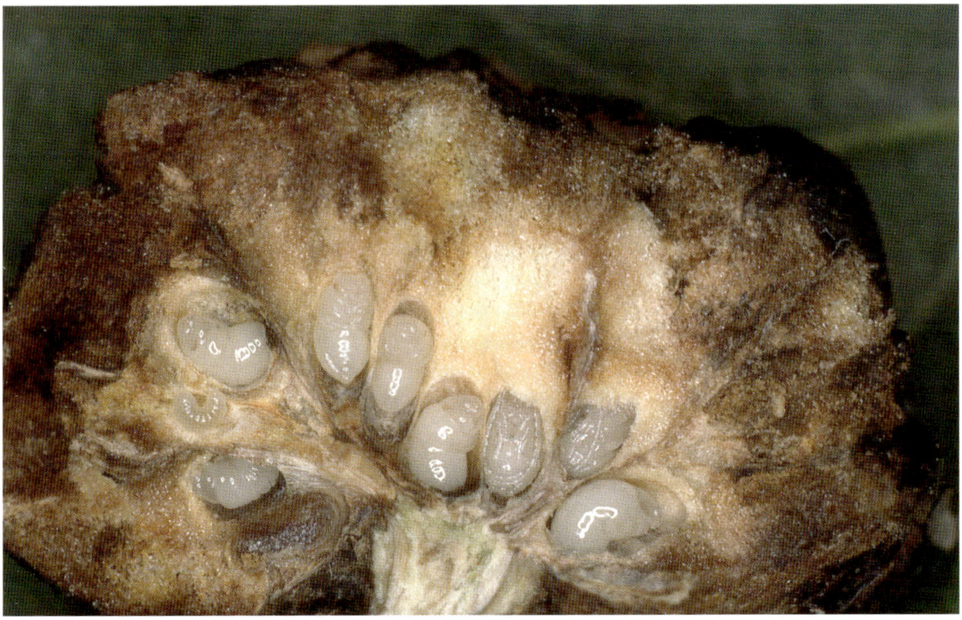

Schwammgallen an Eichen verursacht durch *Biorhiza pallida*.

Die aufgeschnittene Schwammgalle zeigt die zahlreichen Larvenkammern.

Ahorngallwespe *(Pediaspis aceris)*

Wer mit offenen Augen durch Wälder oder längs Hecken wandert, bemerkt gelegentlich gelbe bis rote kugelförmige Gebilde an der Unterseite von Blättern des Berg-Ahorns *(Acer pseudoplatanus)*. Wer sie öffnet, findet darin häufig eine weißliche, schlanke, beinlose Insektenlarve. Doch wie kommt die Larve in dieses vollkommen geschlossene Gebilde, das der Fachmann als Galle bezeichnet?

Die Geschichte beginnt im zeitigen Frühjahr. Sobald die Ahornknospen zu quellen beginnen, bekommen sie Besuch von der Ahorngallwespe. Nach eingehender Prüfung der Knospe sticht sie ihren Legebohrer ins weiche Gewebe und legt zahlreiche Eier ab (Abb. oben links). Die Ahornknospe ist in ihrem Wachstum nicht beeinträchtigt; sie wächst zu einem Trieb mit zahlreichen Blättern aus. Die abgelegten Gallwespeneier verteilen sich so ganz zufällig auf Blätter, Blattstiele oder sogar Blüten. Parallel zum Triebwachstum des Ahorns haben sich aber aus den Eiern der Gallwespe bereits die Larven und ihre Gallen entwickelt (Abb. oben rechts).

Die Gallenbildung wird vom eierlegenden Weibchen ausgelöst, wobei möglicherweise bei der Eiablage Sekrete aus den umgewandelten Giftdrüsen eine Rolle spielen. Das spätere Gallenwachstum dagegen wird von der Larve im Galleninnern gesteuert. Im Juni oder Juli sind die Larven ausgewachsen und verpuppen sich in der schützenden Hülle der Galle (Abb. unten links). Die ausgewachsenen Wespen, Männchen und Weibchen, verlassen im Juli die Galle durch ein selbst gefressenes Loch. Nach der Paarung graben sich die Weibchen in die Erde und legen Eier ausschließlich an die Wurzeln von Berg-Ahorn. Dort entwickelt sich innerhalb von zwei Jahren die parthenogenetische Generation (Abb. unten rechts).

Von diesem Lebenszyklus gibt es Abweichungen. Nicht alle ausgewachsenen Larven verpuppen sich, sondern verbleiben im Larvenstadium. Hörmann (2016) fand im Herbst verholzte Gallen mit je einer gesund aussehenden Larve und erwähnt Kollegen, die dasselbe feststellten. Beobachtungen des Autors bestätigen indirekt diesen Befund durch die Tatsache, dass er Ende September eine Torymide bei der Eiablage in eine bereits verholzte Galle fotografierte (Abb. S. 140). Ob es sich bei dieser verlängerten Larvenentwicklung um eine Überlebensstrategie handelt oder ob Ursachen physiologischer oder pathologischer Natur dafür verantwortlich sind, ist unklar.

Obwohl die Gallen ihren Bewohnern einen guten Schutz vor Fressfeinden bieten, werden sie häufig Opfer von Erzwespen. Häufig ist es eine knapp 2 mm große Erzwespe *(Dichatomus acerinus)*, die ihre Eier in die noch kleinen Gallen ablegt und deren Wachstum verändert. Das Innere verholzt und tötet die rechtmäßige Besitzerin, während sich die Parasiten ungestört entwickeln. Äußerlich sind diese Gallen an der unregelmäßigen Form und den zapfenartigen Fortsätzen leicht zu erkennen. Diese Wespe ist im Abschnitt «Eulophidae» näher vorgestellt.

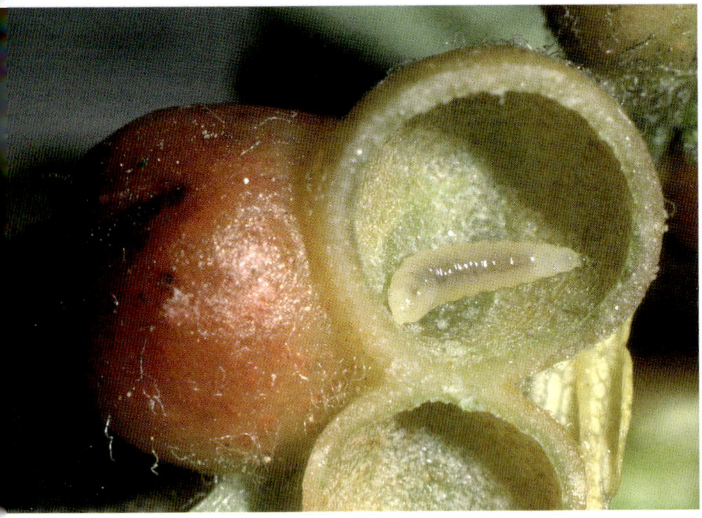

Eine Ahorngallwespe bei der Eiablage in eine Ahornknospe.

Zwei Gallen, in der aufgeschnittenen ist die Wespenlarve sichtbar.

Rechts:

Ahornzweig mit den roten Gallen der Ahorngallwespe.

Wurzelgallen.

Eichenlinsengallwespe *(Neuroterus quercusbaccarum)*

Die 2,5–3 mm langen Geschlechtstiere entwickeln sich in den kugelrunden, glasigen Gallen an den Eichenkätzchen und verlassen die Gallen Ende Juni (Abb. links). Nach der Paarung legen die Weibchen Eier in die Unterseite von Eichenblättern, häufig entlang der Nerven (Abb. rechts oben). Daraus entwickeln sich die linsenförmigen Gallen, die von kurzen Härchen bedeckt sind. Im Innern entwickelt sich eine geringe Anzahl Larven. Die Gallen fallen im Herbst auf den Boden, wo sich die Larven verpuppen und schließlich im Frühling die parthenogenetisch sich fortpflanzenden Weibchen schlüpfen. Diese legen Eier hauptsächlich in blütenbildende Knospen, worauf der Zyklus von Neuem beginnt.

Linke Seite:

Eine Torymide bei der Eiablage in eine verholzte Galle.

Die Eichenlinsengallwespe.

Galle an einer Eichenblüte.

Eiablage in einen Blattnerv eines Eichenblattes.

Wespenlarven im Innern einer Galle.

Rosengallwespe *(Diplolepis rosae)*

Wenn die Blätter gefallen sind, kommt so manches zum Vorschein, was vorher im Laub verborgen war. Das trifft auch für den Schlafapfel zu, ein golfball- bis tennisballgroßes Gebilde mit kraushaarigen Anhängen (Abb. oben). Man findet diese scheinbaren Verkrüppelungen an verschiedenen Wildrosenarten. Man nennt sie deshalb oft auch Rosenapfel, in manchen Gegenden auch Heilandsbart. Dem Schlafapfel wurden seit der Antike bis in die neuere Zeit zahlreiche medizinische Wirkungen nachgesagt, aber auch Zauberkräfte sollen von ihm ausgehen. So soll er, unter das Kopfkissen gelegt, Kindern und Erwachsenen zu einem ruhigen Schlaf verhelfen, darauf geht sein Name zurück.

Doch wie kommt er zustande? Es beginnt damit, dass die 3–5 mm lange Rosengallwespe ihre Eier im Frühling in eine Rosenknospe legt. Bevorzugt wird dabei die Hundsrose, aber auch andere Wildrosen können befallen werden, Zuchtrosen dagegen bleiben weitgehend verschont. Die ausschlüpfenden Larven geben ein Sekret von sich, dass die Knospe zu einem scheinbar unkontrollierten Wachstum veranlasst. In Tat und Wahrheit bilden sich im Innern dieses Knäuels einzelne Kammern. Jede umschließt eine Wespenlarve, die dort perfekte Ernährungs- und Wachstumsbedingungen vorfindet (Abb. unten). Während die Larven im Innern heranwachsen, ändert die Galle nicht nur die Größe, sondern auch die Farbe. Anfänglich ist sie grün, wechselt dann über Gelb zu Rot, um dann im Herbst zu einer braunen Filzkugel zu werden.

Im Innern entwickeln sich einige bis maximal etwa zwei Dutzend Larven. Im Herbst sind sie ausgewachsen und überwintern in ihren Zellen (Abb. unten). Die inzwischen verholzte Galle schützt sie optimal vor äußeren Einflüssen. Im Frühling verpuppen sich die Larven. Die ausgewachsenen Wespen verlassen ihre Zellen dann, wenn die Knospen für die Eiablage im richtigen Stadium sind. Bei den ausschlüpfenden Wespen handelt es sich fast ausschließlich um Weibchen. Diese sind in der Lage, sich parthenogenetisch fortzupflanzen und diploide Weibchen zu produzieren. Zwar findet bei der Eibildung eine Reduktionsteilung statt. Der resultierende haploide Chromosomensatz, der eigentlich zu einem Ei führen würde, aus dem ein Männchen entsteht, wird aber gleich wieder verdoppelt. Verursacht wird dieser Vorgang durch Bakterien der Gattung *Wolbachia*, die in den Zellen der Geschlechtsorgane leben. Sie können nur von Weibchen an die Nachkommen weitergegeben werden. Mit der Strategie der Männchenverhinderung ist es *Wolbachia* gelungen, das Maximum ihrer Vermehrung zu erreichen. Aber auch die Rosengallwespe profitiert von den Bakterien. Dank ihnen verfügen sie über ein größeres Vermehrungspotenzial und können die vorhandenen Ressourcen besser nutzen.
Von der Rosengallwespe existieren isolierte Populationen, die ganz normal Männchen und Weibchen produzieren und sich sexuell vermehren. Diese Populationen sind frei von *Wolbachia*.

Galle der Rosengallwespe (Schlafapfel) verursacht durch *Diplolepsis rosae*.

Der aufgeschnittene Schlafapfel mit den zahlreichen Larvenkammern im Innern.

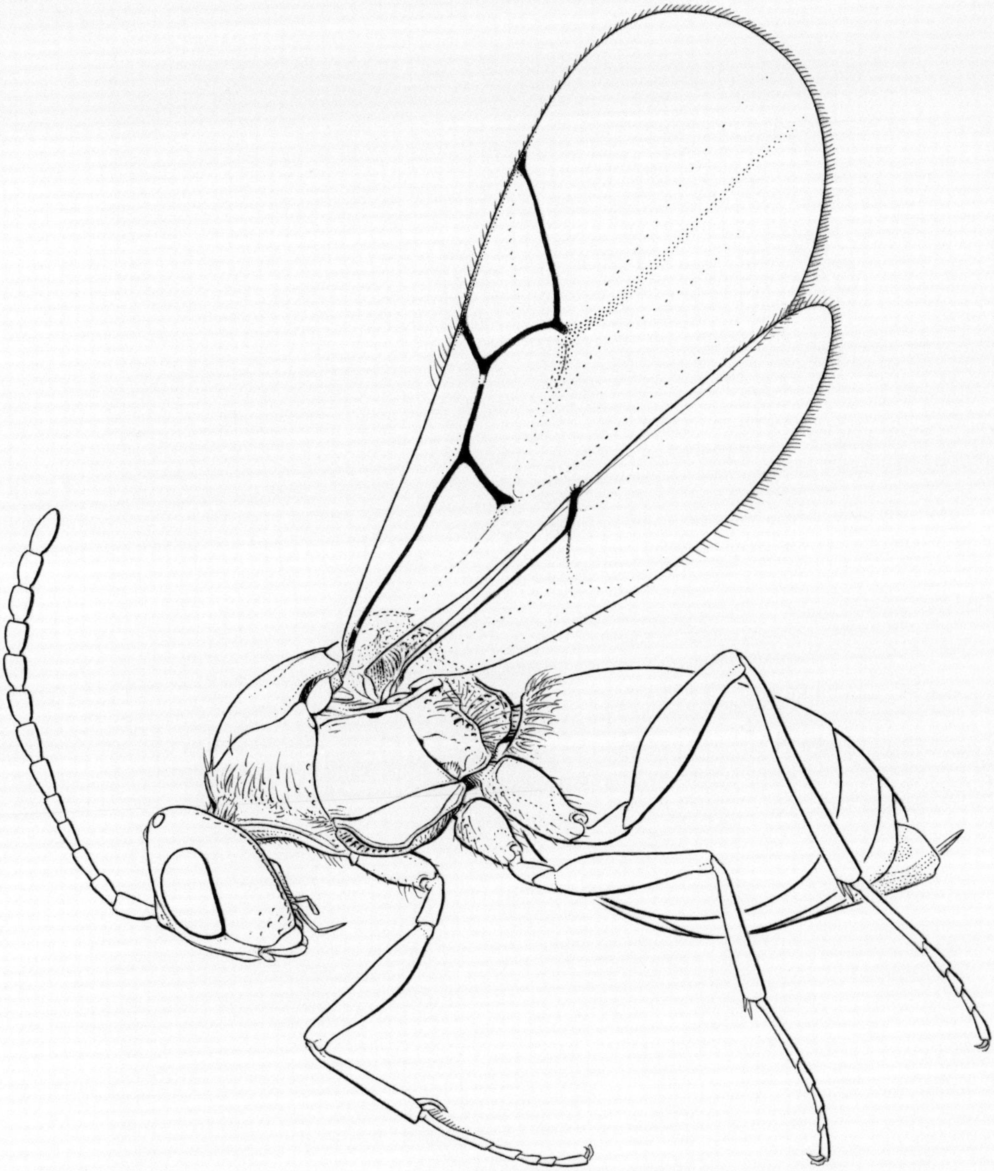

Trybliographa rapae, Weibchen,
Größe = 3,1 mm

2.17| Figitidae

Anzahl Arten: Großbritannien 127 (Forshage et al. 2017)

Die Figitidae gelten als die Schwesterfamilie der Gallwespen, mit denen sie äußerlich eine große Ähnlichkeit aufweisen. Sie haben eine Körperlänge von 0,8 bis 5 mm und sind schwarz oder dunkelbraun gefärbt. Die Antennen sind ungekniet, Weibchen haben 11, Männchen 12–13 Geißelglieder. Kopf und Körper sind meistens glatt. Die Füße sind fünfgliedrig. Der breite Vorderflügel hat ein reduziertes Geäder mit höchstens einer Flügelzelle, der Radialzelle. Das Stielchen ist kurz bis sehr lang, der anschließende Gaster ist seitlich recht stark zusammengedrückt, von der Seite betrachtet oval und hinten zugespitzt. Der Legebohrer ist in Ruhestellung nicht sichtbar.

Die Figitidae sind Parasitoide. Die Wirtsbeziehungen variieren je nach Unterfamilie. Die Charipinen sind Hyperparasitoide von Blattlauswespen (Braconidae: Aphidiinae), die Figitinen primäre Parasitoide von Netzflüglern (Neuropteren) und Larven von blattlausfressenden Fliegen (Diptera: Syrphidae, Chamaemyiidae). Die artenreichen Eucoilinen schließlich sind Endoparasitoide verschiedener Fliegenlarven. Einige Arten sind von ökonomischer Bedeutung, z. B. attackiert *Rhoptromeris eucera* die Fritfliege *Oscinella frit* (Diptera: Chloropidae), ein bedeutender Getreideschädling, während *Trybliographa rapae* ein wichtiger Gegenspieler der Kohlfliege *Delia brassicae* (Anthomyiidae) ist.

Alloxysta und Verwandte als Parasitoide von Blattlauswespen

Die Vertreter der Gattung *Alloxysta* aus der Unterfamilie Charipinae gehören zusammen mit jenen der Gattungen *Asaphes* (Pteromalidae) und *Dendrocerus* (Ceraphronidae) zu den häufigsten und wichtigsten Parasitoiden von Blattlauswespen (Aphidiinae). Sie sind somit Hyperparasitoide bei Blattläusen. Im Gegensatz zu den letzteren zwei Gattungen attackieren sie ihren Wirt in der noch lebenden Blattlaus. Das Vorgehen von *Alloxysta* läuft nach folgendem Schema ab (Sullivan 1987): Das Weibchen nähert sich einer lebenden, aber parasitierten Blattlaus, betrillert mit den Antennen ihre Oberfläche und steigt schließlich auf ihren Rücken (Abb. oben). Von dort stößt sie ihren Legebohrer sowohl durch die Haut der Blattlaus wie auch durch jene der Parasitoidenlarve, die sie mit einem Ei belegt. Die *Alloxysta*-Larve schlüpft allerdings erst, wenn die Larve der Blattlauswespe das Blattlausinnere vollständig aufgefressen und ihren Puppenkokon gesponnen hat, so als wäre sie nicht parasitiert. Die endoparasitisch lebende *Alloxysta*-Larve frisst nun ihren Wirt und verpuppt sich in deren Puppenkokon. Die Entwicklung vom Ei bis zur ausgewachsenen Wespe dauert knapp 3 Wochen. Bemerkenswert ist, dass die Blattlaus auf das Besteigen durch *Alloxysta* kaum reagiert und keine Anstalten macht, um den «Besucher» loszuwerden. Ein ganz ähnliches Verhalten zeigen weitere Vertreter der Charipinae, zum Beispiel *Phaenoglyphis*-Arten (Abb. unten).

Im Gegensatz zu den zwei anderen Blattlaus-Hyperparasitoiden scheinen *Alloxysta*-Arten recht wirtsspezifisch zu sein. Untersuchungen in Luzernefeldern, in denen Populationen von Erbsenblattläusen *(Acyrthosiphon pisum)* und Luzerneblattläusen *(Therioaphis trifolii)* vorhanden waren, zeigten, dass sich *Alloxysta victrix* praktisch nur für Erbsenblattläuse interessierte. Bei diesen wiederum war die Wespe in der Lage, zwischen neun verschiedenen Primärparasitoiden zu unterscheiden und jene Blattläuse deutlich zu bevorzugen, die von einer Blattlauswespe der Gattung *Aphidius* parasitiert war. Um festzustellen, ob sich die Wespenlarve in der Blattlaus als Nahrung für ihren Nachwuchs eignet, sticht *Alloxysta* die parasitierte Blattlaus an. Die empfindlichen Sinneszellen am Legebohrer geben den entscheidenden Impuls, ob eine Eiablage erfolgt oder nicht (Gutierrez & van den Bosch 1970).

Ein *Alloxysta*-Weibchen, wahrscheinlich *A. victrix*, parasitiert die Larve einer Blattlauswespe in einer Großen Brennnesselblattlaus.

Ein Weibchen, wahrscheinlich eine *Phaenoglyphis*-Art, parasitiert die Larve einer Blattlauswespe in einer Mehligen Kohlblattlaus.

Callaspidia als Parasitoid von Schwebfliegenlarven

Die Gattung aus der Unterfamilie Aspicerinae besteht aus sechs Arten (Ros-Farré & Pujade-Villar 2009). Um welche Art es sich bei den drei Abbildungen auf dieser Doppelseite handelt, ist nicht klar. Die Bilder zeigen, wie eine Wespe eine fast ausgewachsene Schwebfliegenlarve prüft, sie schließlich besteigt und an mehreren Stellen ihren Legebohrer einsticht. Ob sie jedes Mal ein Ei legt, ist fraglich, denn bei mindestens zwei Einstichen drehte sie sich um und leckte aus der Larve austretende Körperflüssigkeit auf. Wahrscheinlich die gleiche Art konnte bei der Parasitierung einer noch kleinen Schwebfliegenlarve beobachtet werden. Die Wespenlarve lebt endoparasitisch, ob solitär oder gregär, ist unklar, wie auch die restliche Lebensweise.

Ein *Callaspidia*-Weibchen prüft eine Schwebfliegenlarve.

Rechte Seite:

Die Wespe sticht ihren Legebohrer in die Schwebfliegenlarve (oben) und leckt austretende Körperflüssigkeit auf (unten).

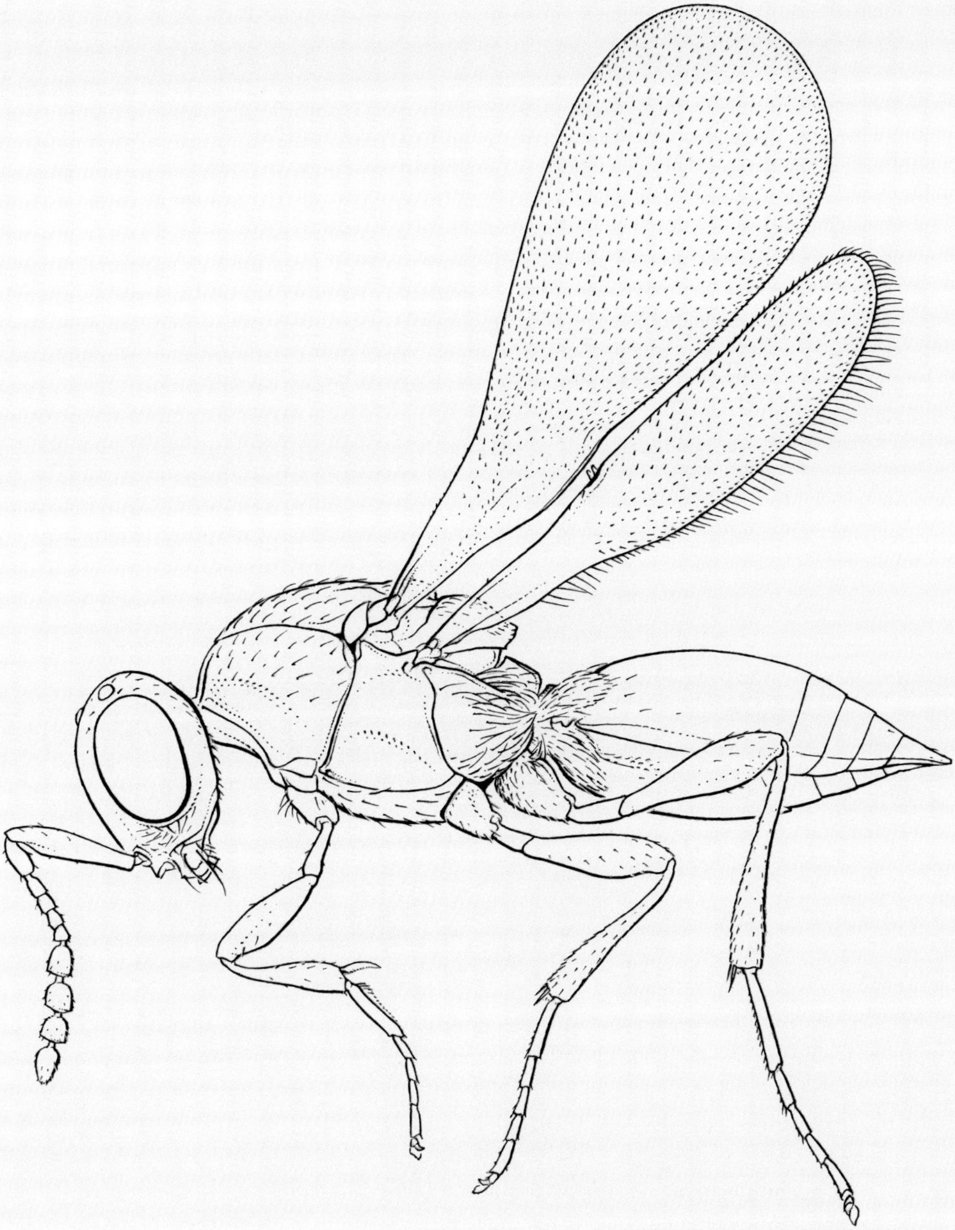

Synopeas sp., Weibchen,
Größe = 1,2 mm

Überfamilie Platygastroidea (Zehrwespen)

Die Platygastroidea umfassen weltweit über 6000 beschriebene Arten (Chen et al. 2021), was aber wahrscheinlich nur ein winziger Bruchteil der tatsächlich existierenden Arten ist (siehe Bennet et al. 2019). Zur Überfamilie gehören neben den Platygastridae (Abschnitt 2.18) und Scelionidae (2.19) einige weitere Familien, die hier nicht behandelt werden. Sie haben eine Körperlänge von 0,5 bis 12 mm. Wichtigste gemeinsame Merkmale sind das stark reduzierte Flügelgeäder und der flache Hinterleib. Der Körper der allermeisten Arten ist glänzend schwarz. Der Legebohrer ist immer verborgen.

2.18| Platygastridae

Anzahl Arten: Großbritannien 258 (Buhl et al. 2016)

Der Name dieser Familie weist darauf hin, dass der Gaster dieser Wespen flach ist. Die Vertreter dieser Familie haben eine durchschnittliche Körperlänge von 1–2 mm, selten mehr. Sie sind schwarz gefärbt, zuweilen mit gelblichen Partien am Körper oder an den Extremitäten. Die Fühler sind gekniet und weisen höchstens 8 Geißelglieder auf. Die Füße sind fünfgliedrig. Das Flügelgeäder ist zu einer unverzweigten, kurzen Randader reduziert oder fehlt ganz.

Die Platygastriden gehören zu den am schlechtesten erforschten Wespenfamilien. Geraten sie einmal in den Fokus der Wissenschaft, ist mit einer explosionsartigen Zunahme der Artenzahlen zu rechnen (Buhl et al. 2016, Bennet et al. 2019, Baur & Ungricht 2019a, b). Die meisten bekannten Arten sind hoch spezialisierte solitäre Endoparasitoide von Gallmücken. Am besten erforscht sind jene Arten, die landwirtschaftlich bedeutsame Gallmücken parasitieren wie Getreidegallmücken, Rapsschotengallmücken oder Gallmücken, die im Obst und Beerenanbau unangenehm in Erscheinung treten können.

Die Platygastriden haben eine besondere Lebensweise. Da ihre Wirte ihre Eier mithilfe der teleskopartig verlängerbaren Legeröhre versteckt in Pflanzengewebe ablegen – häufig in Blatt- oder Blütenknospen, in junge Triebe oder, wie beim Getreide und anderen Gräsern, zwischen die Spelzen –, müssen die Wespen in der Lage sein, an diese Orte vorzudringen. Dazu hilft ihnen einerseits der abgeflachte Gaster, sich rückwärts in die Hüllblätter hineinzuzwängen, andererseits hilft ihnen ein verlängertes Metasoma oder ein langer Legebohrer, das Gelege ihrer Opfer zu erreichen. Ist es so weit, legt die Wespe ihre mikroskopisch kleinen Eier in die Eier ihres Wirtes. Die Eier oder die frisch

geschlüpften Larven des Parasitoiden bleiben aber inaktiv, bis die Wirtslarven am Ende ihrer Entwicklung angelangt sind. Wenn bei ihnen der Hormonhaushalt von Wachsen auf Verpuppen umstellt, ist dies das Signal für die frisch geschlüpfte Wespenlarve, das Innere ihres Wirtes zu verzehren. Die ausgewachsenen Wespen und die überlebenden Gallmücken schlüpfen praktisch zur selben Jahreszeit, sodass auch der neue Zyklus präzise synchronisiert ablaufen kann.

Vertreter der Gattung *Leptacis* haben eine andere Strategie entwickelt. Sie warten, bis die fertig entwickelten Gallmückenlarven ihre Wirtspflanze verlassen, um sich im Boden zu verpuppen. Sie nutzen diesen kurzen Moment, um ein Ei ins Innere der Gallmücke abzulegen (Abb. links). Dazu brauchen sie weder ein verlängertes Abdomen noch einen langen Legebohrer, wodurch sich ihre äußere Erscheinung von den typischen Platygastriden unterscheidet. Ein ähnliches Aussehen haben jene Vertreter der Gattung *Synopeas*, die sich auf Larven nicht gallenbildender Gallmücken spezialisiert haben. Es handelt sich dabei um Gallmückenarten, die an Blättern parasitierende Rostpilze fressen und somit ungeschützt ihren Feinden ausgeliefert sind (Abb. rechts).

Inostemma piricola, Parasitoid der Birnenblütengallmücke

Die Vertreter der Gattung *Inostemma* unterscheiden sich von den übrigen Platygastriden durch ihr «Horn» auf dem Rücken. Dieses Horn ist die Scheide des oft mehr als körperlangen Legebohrers. Die abgebildete *Inostemma*-Art ist im Begriff, ihre Eier in jene der Birnenblütengallmücke abzulegen (Abb. S. 153). Diese ihrerseits legt die Eier in eine noch geschlossene Birnenblütenknospe. Die ausschlüpfenden Larven bohren sich in den Fruchtknoten ein. Als Folge des Befalls verkrüppelt die sich entwickelnde Birne und fällt bald zu Boden, wo die zahlreichen Mückenlarven auswandern und sich im Boden verpuppen.

Leptacis tipulae parasitiert ausgewachsene Erbsengallmückenlarven nach dem Verlassen der Gallen.

Larven verschiedener Gallmückenarten fressen an Rostpilzen, wo sie leicht von spezialisierten *Synopeas*-Arten parasitiert werden können.

Inostemma piricola bei der Eiablage
in die Knospe einer Birnenblüte.

Prosactogaster erdosi, Parasitoid der Reiskorn-Schilfgallmücke

Ein Schilfröhricht wirkt recht monoton und abweisend. Man billigt ihm zu, einigen Vogelarten Brutplätze zu bieten. Dass aber in den Schilfhalmen drin ein recht reges Leben herrschen kann, ist von außen kaum zu erkennen. Neben verschiedenen Fliegen und Kleinschmetterlingen sind Gallmücken die häufigsten Bewohner von Schilfstängeln. Die Abbildung links zeigt die knapp 3 mm große Reiskorn-Schilfgallmücke (*Microlasioptera flexuosa*, unten), die mit ihrer Eilegeröhre ein Loch in einen jungen Schilfhalm gebohrt hat und nun dabei ist, Dutzende von Eiern ins Innere des Halmes abzulegen. Auf diesen Moment hat *Prosactogaster erdosi* gewartet. Sie führt ihren schlanken, stark verlängerten Hinterleib durch das vorgebohrte Loch, um ihrerseits ihre Eier zu legen, aber nicht ins Innere des Halmes. Mit mikrochirurgischer Präzision sticht sie ihre winzigen Eier in die nur Bruchteile eines Millimeters messenden Eier der Gallmücke.

Wie die Wespe auf die eierlegende Gallmücke aufmerksam wird und sie auch findet, ist ungeklärt. Eine Möglichkeit besteht darin, dass mit dem Anbohren des Schilfstängels flüchtige Substanzen entweichen, die von der Wespe registriert werden können und ihr den Weg weisen. Eine andere Möglichkeit ist mit dem Schicksal der Gallmücke verbunden. In der Periode der Eiablage wächst der Schilfhalm sehr schnell und die verschiedenen Blattanlagen verschieben sich gegeneinander. Es braucht nur etwa 1 mm, um die Legeröhre der Mücke so einzuklemmen, dass sie diese nicht mehr herausziehen kann. In ihrem Todeskampf setzt sie möglicherweise bestimmte chemische Signale frei, die von der Wespe registriert werden. In der Tat kann beobachtet werden, dass sich eine Wespe oder gar mehrere Wespen bei einer toten Gallmücke einfinden und Eier legen (Abb. rechts).

Die Reiskorn-Schilfgallmücke *(Microlasioptera flexuosa)* bei der Eiablage in einen jungen Schilfhalm. Gleichzeitig benutzt ihr Parasitoid, *Prosactogaster erdosi*, das von der Mücke gebohrte Eiablageloch, um seine Eier in die Eier der Gallmücke zu legen.

Um die tote Gallmücke versammeln sich drei *Prosactogaster*-Weibchen, um die Eier der Mücke zu parasitieren.

Prosactogaster tisias als Parasitoid der Kohlschotengallmücke

Die Kohlschotengallmücke *(Dasineura brassicae)* tritt gelegentlich als Rapsschädling in Erscheinung. Sie ist in den Winterrapsfeldern von Blühbeginn bis zur Ausbildung der Schoten anzutreffen. Erste Eiablagen finden bereits in die Schotenanlagen am Ende des Blütenstadiums statt. In diesem Stadium ist die Mücke noch in der Lage, die zarten Schotenwände zu durchstechen. Häufiger jedoch finden die Eiablagen in größere Schoten statt. Dabei ist sie aber angewiesen auf die Hilfe des Kohlschotenrüsselkäfers *(Ceutorhynchus assimilis)*. Dieser frisst ein Loch in die Schoten, um durch dieses Loch ein Ei ins Schoteninnere abzulegen. Dieses Loch nutzt die Gallmücke gerne zur Ablage ihres Eipaketes, das aus etwa 10–20 Eiern besteht. Die Larven schlüpfen nach wenigen Tagen und saugen an der Schotenwand. Wenn sie ausgewachsen sind, trocknen die Schoten, springen auf und entlassen die Larven. Diese verpuppen sich im Boden.

Die Kohlschotengallmücke bei der Eiablage in eine Schotenanlage. Gleichzeitig werden ihre Eier von *Prosactogaster* parasitiert.

Nach Untersuchungen in der Nordostschweiz ist *Prosactogaster tisias* der wichtigste Parasitoid von *Dasineura brassicae.* Während der ganzen Aktivitäts-

phase der Gallmücke ist auch die Wespe in den Rapsfeldern präsent. Die ersten Parasitierungen erfolgen bereits Ende Blüte, wobei gelegentlich Wirt und Parasitoid zusammentreffen und ihre Eier gleichzeitig ablegen (Abb. S. 156), wie das bei *Prosactogaster erdosi* und der Reiskorn-Schilfgallmücke der Fall ist. Bei späteren Eiablagen geht *Prosactogaster tisias* gleich vor wie sein Wirt. Das Weibchen legt seine Eier in die Eier seines Opfers durch das vom Kohlschotenrüssler gebohrte Loch. Die von Büchi und Keller (1994) ermittelten Parasitierungsraten schwankten stark je nach Ort und Zeitpunkt der Untersuchung. Von den zwischen Ende Mai und Anfang Juni 1992 gesammelten Gallmückenlarven waren zwischen 0 und 76 % parasitiert, von den Mitte Juni gesammelten Larven waren es nur noch 0–6 % mit einer Ausnahme von 14 %. Bemerkenswert ist, dass die Larven von Rapspflanzen aus einem Grünbrachefeld zu 58 % parasitiert waren. Auch hier dominierte *P. tisias*, 20 % der Parasitoiden verteilten sich aber auf drei andere Arten. «Wild» wachsende Rapspflanzen könnten folglich eine wichtige Funktion als Reservoir für Parasitoide von Kohlschotengallmücken sein.

Prosactogaster tisias bei der Eiablage durch das vom Kohlschotenrüssler angelegte Bohrloch.

Das eierlegende *Prosactogaster*-Weibchen hat Besuch von einem Männchen bekommen.

Platygastriden als Parasitoide von Getreidegallmücken

Zwei Arten von Gallmücken leben in den Ähren von Weizen: die Gelbe Weizengallmücke *(Contarinia tritici)* und die Orangerote Weizengallmücke *(Sitodiplosis mosellana)*. Die Weibchen von *Contarinia* legen die Eier in kleinen Gruppen zwischen die Spelzen der Blüten ab, jene von *Sitodiplosis* dagegen legen einzelne Eier ab. Die ausschlüpfenden Larven saugen an den sich entwickelnden Körnern, die dadurch verkümmern. In Mitteleuropa bleiben die von den Weizengallmücken verursachten Schäden meistens im tolerierbaren Bereich. Anders in Nordamerika, wo *Sitodiplosis* zu Beginn des 19. Jahrhunderts wahrscheinlich von Einwanderern eingeschleppt wurde, nahmen die Schäden gegen Ende des 20. Jahrhunderts trotz der Anwesenheit von *Macroglenes penetrans* (Pirenidae), einem spezifischen Parasitoiden von *Sitodiplosis*, katastrophale Ausmaße an.

Im Rahmen des CABI-Projektes, das bei den Pirenidae erwähnt wird, ging es gezielt darum, im europäischen Herkunftsgebiet nach weiteren natürlichen Feinden von *Sitodiplosis* zu suchen, die in Nordamerika zur Bekämpfung der Gallmücke eingesetzt werden könnten. Die Untersuchungen in verschiedenen Regionen der Schweiz zeigten, dass die beiden Gallmückenarten trotz sehr ähnlicher Lebensweisen zwei unterschiedliche Parasitoidenkomplexe aufwiesen (Affolter 1990). Bei beiden Arten konnte der Autor vier Arten von Parasitoiden nachweisen: Bei der Orangeroten Weizengallmücke waren es die Erzwespe *Macroglenes penetrans* (Pirenidae) und die drei Platygastriden *Euxestonotus error*, *Platygaster tuberosula* und *Inostemma mosellanae*, eine bei diesen Untersuchungen neu entdeckte Art. Die Gelbe Weizengallmücke wurde von vier Platygastriden parasitiert: von *Isostasius punctiger*, zwei nicht bestimmten *Piestopleura*-Arten und *Leptacis tipulae*. Die Parasitierungsraten schwankten während der fünf Beobachtungsjahre beträchtlich und zeigten eine Abhängigkeit von der Dichte ihrer Wirte. Bei *Sitodiplosis*, die stärker parasitiert wurde als *Contarinia*, schwankten die Parasitierungsraten zwischen 0 und rund 55 %. Dominierender Parasitoid war *Platygaster tuberosula* (Abb. links). Bei *Contarinia* lagen die Parasitierungsraten zwischen 0 und 22 %. Dominierender Parasitoid war *Isostasius punctiger* (Abb. rechts). Die Parasitierungsraten mögen gering erscheinen, trotzdem trugen sie dazu bei, die Gallmückendichten in einem tolerierbaren Bereich zu halten.

Alle sieben untersuchten Platygastriden sind solitäre Endoparasitoide. *Platygaster tuberosula* hat nach den Untersuchungen von Affolter offenbar nur ein einziges Larvenstadium, die übrigen Arten besitzen zwei. Das Aussehen der Larven erinnert kaum an Insektenlarven. Typisch ist der dominante Kopf-Brust-Teil und das wie ein Schwänzchen angehängte Abdomen mit dem gegabelten Ende. Sie alle besitzen zum Teil kräftige Mandibeln, die zur Nahrungsaufnahme dienen, aber auch, um Konkurrenten auszuschalten. Ihre Entwicklung ist wie bei allen bekannten Platygastriden perfekt mit der ihrer Wirte synchronisiert.

Doch nun wieder zurück zum CABI-Projekt. Die verantwortlichen Forschungsteams entschieden sich, *Euxestonotus error* und *Platygaster tuberosula* in den Jahren 1993 und 1994 nach erfolgten Quarantänemaßnahmen in einem Versuchsfeld in Saskat-

chewan freizulassen. Die Überwachung des Versuches zeigte, dass sich nur *Platygaster* etablieren und ausbreiten konnte. Leider sind keine Informationen verfügbar, wie sich die Ertragsausfälle im Anschluss an die Freilassungen entwickelten.

Platygaster tuberosula, Parasitoid der Orangeroten Weizengallmücke, bei der Eiablage.

Isostasius punctiger parasitiert die Gelbe Weizengallmücke.

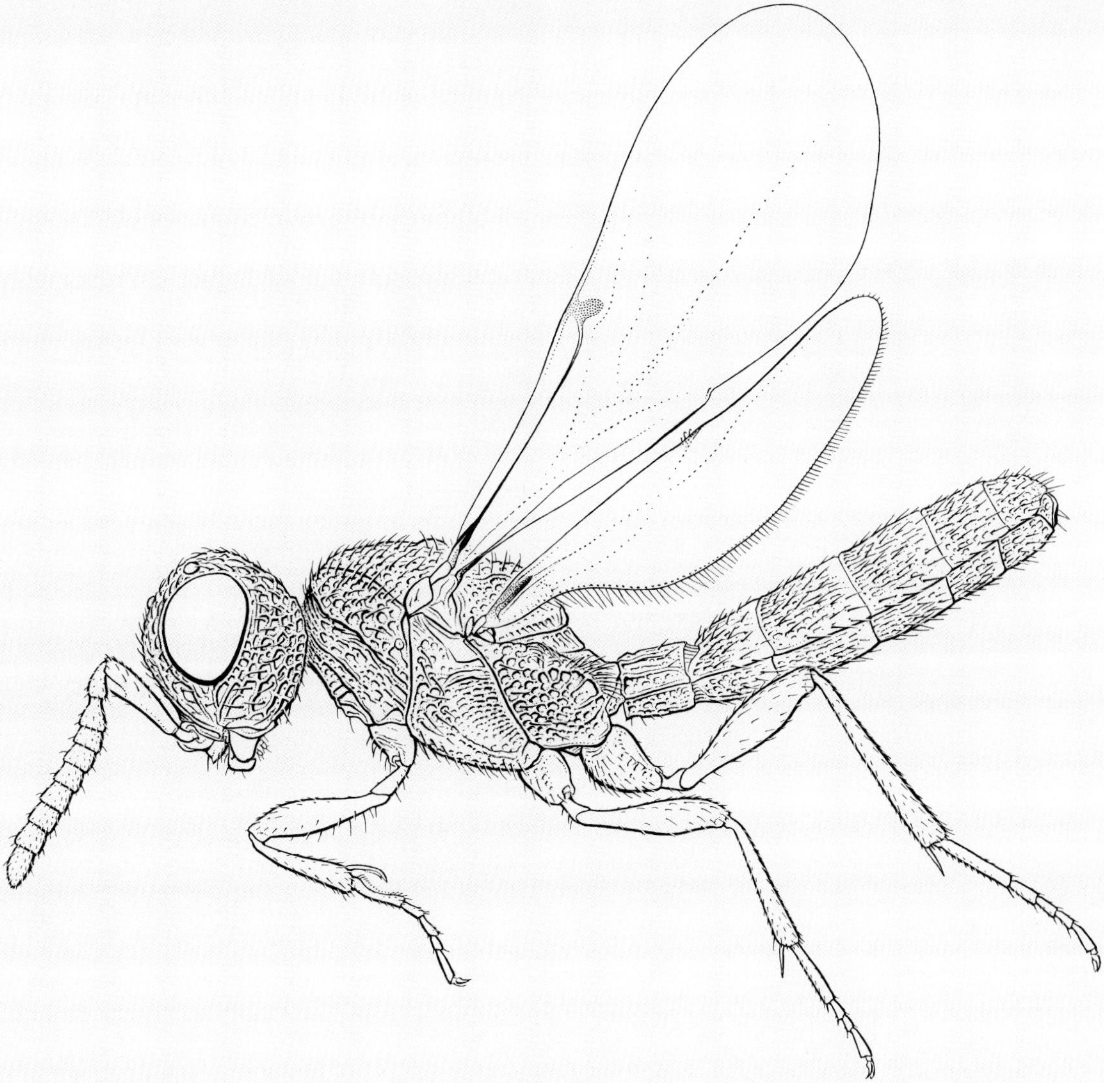

Scelio cf. *vulgaris*, Männchen,
Größe = 3,2 mm

2.19| Scelionidae

Anzahl Arten: Großbritannien 118 (Buhl et al. 2016)

Lange Zeit als eigenständige Familie betrachtet, wurden die Scelionidae von Sharkey (2007) nurmehr als eine Unterfamilie der Platygastridae geführt. In der neusten Klassifikation von Chen et al. (2021) wurden sie jedoch wieder in den Rang einer Familie erhoben. Wir folgen dieser Arbeit.

Die Wespen haben eine Körperlänge von 0,5 bis 4 mm, exotische Arten werden ausnahmsweise bis 8 mm lang. Sie sind meist überwiegend schwarz, eine Art, *Thoron metallicus*, hat jedoch einen dunkelgrünen Metallglanz. Die Antennen sind gekniet und weisen meistens 9–11 Geißelglieder auf. Die Füße sind fünfgliedrig. Beim Vorderflügel ist nur eine Ader am vorderen Flügelrand sichtbar, welche meist verzweigt ist.

Die Larven entwickeln sich endoparasitisch in Eiern verschiedener Insekten und anderer Arthropoden. Einige Arten werden zur biologischen Schädlingsbekämpfung eingesetzt.

Telenomus acrobates als Parasitoid von Florfliegeneiern

Die Florfliegen oder Goldaugen, wie sie auch genannt werden, sind gern gesehene Blattlausfresser in unseren Gärten und in den landwirtschaftlichen Kulturen. Eine Eigenart von ihnen ist, dass sie gestielte Eier legen. Die Stiele sind etwa 1 cm lang, während die länglichen Eier knapp 2 mm messen. In dieser luftigen Höhe sind die Eier bestens vor Feinden geschützt. Das trifft tatsächlich auch zu, wäre da nicht ein Winzling, der aus dieser Konkurrenzlosigkeit Profit schlagen kann.

Sein Name ist *Telenomus acrobates*. Erstaunlich ist nicht die Tatsache, wie er sich akrobatisch an den Ei-Stielen hochhangelt und aus seiner Sicht in luftiger Höhe das Florfliegenei umrundet, um die geeignete Stelle für die Eiablage zu finden (Abb. S. 162). Viel mehr erstaunt die Tatsache, dass er mit einem Hirn, das viel kleiner ist als das sprichwörtliche Mückenhirn, überhaupt das Ei findet. Wie der kleine Akrobat das macht, wissen wir nicht. Wir können aber annehmen, dass er sich von geruchlichen Komponenten leiten lässt. Einen Hinweis darauf können die im Verhältnis zum Körper recht großen Fühler sein. Geruchsstoffe können von Überbleibseln des eierlegenden Florfliegenweibchens ausgehen, beispielsweise von Sekreten oder Härchen, von Bestandteilen des Eis, eventuell auch vom sich entwickelnden Florfliegenembryo. Das Weibchen von *T. acrobates* bevorzugt zur Eiablage möglichst frisch gelegte Florfliegeneier. In einem Wirtsei entwickelt sich nur ein einziger Parasitoid. Von der Eiablage bis zum Ausschlüpfen einer fertig entwickelten Wespe dauert es etwa 2 Wochen.

Telenomus acrobates gehört zu einer großen Gruppe kleinster Wespen. Alle entwickeln sich als Parasiten in den Eiern anderer Insekten, wobei die meisten auf die Eier ganz weniger Insektenarten spezialisiert sind. Häufige Wirte sind Schmetterlings- und Wanzeneier. Wer diese Winzlinge in der Natur beobachten möchte, sucht am besten in Brennnesselbeständen nach frischen Gelegen des Tagpfauenauges oder des Kleinen Fuchses, wobei jene der zweiten Generation besonders aussichtsreich sind (Abb. rechts).

Telenomus acrobates parasitiert ein Ei der Florfliege.

Da viele Schmetterlinge in der Land- und Forstwirtschaft schädlich werden können, kommt diesen Winzlingen auch eine große Bedeutung in der Regulierung von Schädlingspopulationen zu. So werden auch die Eier von Eulenfaltern parasitiert (Titelbild). Die Raupen einiger Arten können auch in Mitteleuropa Schäden verursachen.

Ein *Telenomus*-Weibchen parasitiert ein Ei des Tagpfauenauges.

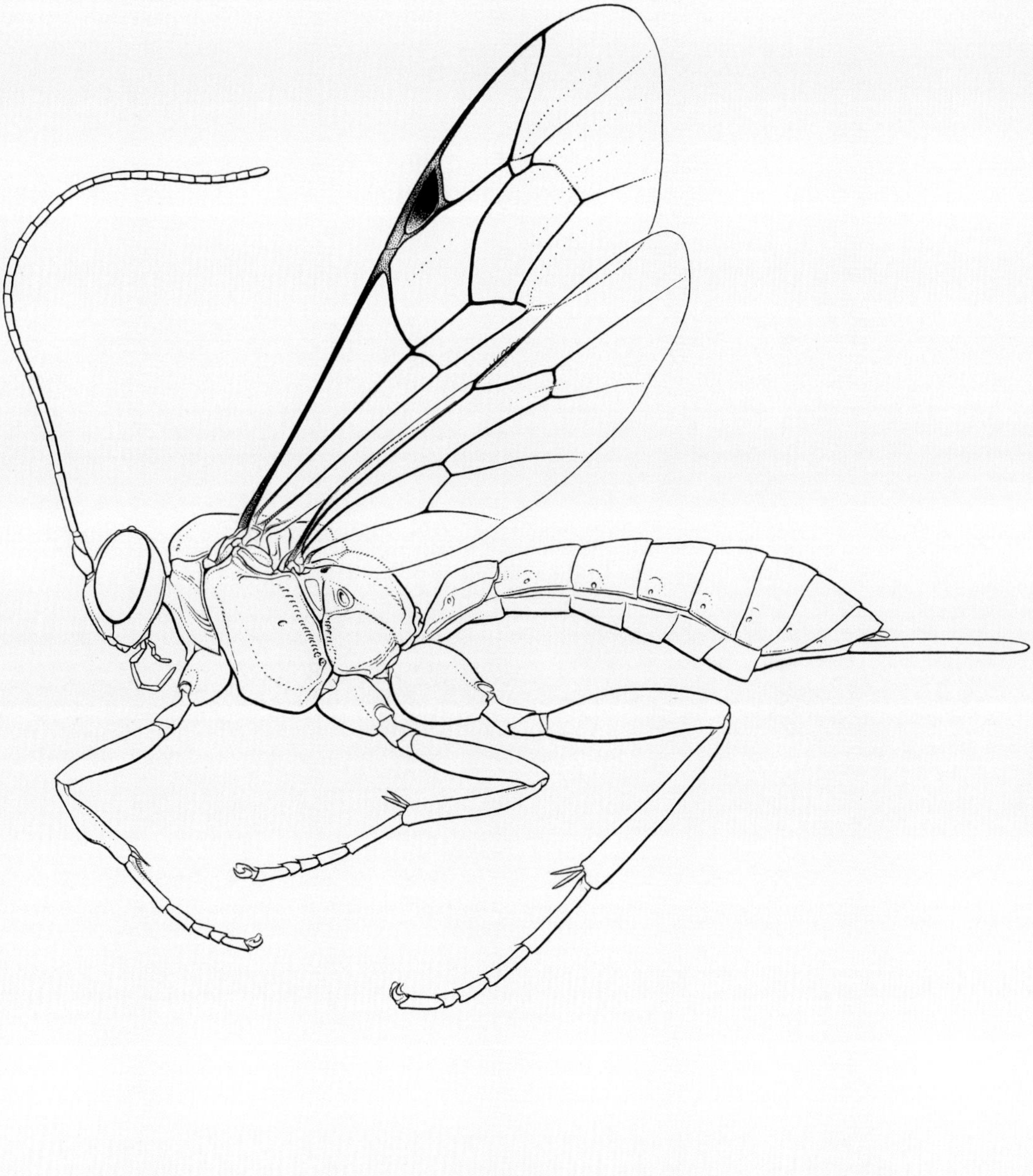

Pimpla flavicoxis, Weibchen,
Größe = 10,3 mm

Überfamilie Ichneumonoidea

Die Überfamilie besteht aus zwei sehr artenreichen Familien, den Darwinwespen und den Brackwespen. Sie umfassen weltweit über 44 000 beschriebene Arten, unzählige weitere harren noch ihrer Entdeckung (Broad et al. 2018). Es handelt sich mehrheitlich um größere bis sehr große Wespen mit schlankem Körper und schwarzer Grundfarbe, Körperlänge von 1 bis 100 (170) mm (einschließlich eines über körperlangen Legebohrers). Die Fühler sind ungekniet und haben meist 16 und mehr Geißelglieder. Die Vorderflügel haben ein verzweigtes Geäder mit mehr als einer Flügelzelle und einem Flügelmal. Der Körper ist meist schwarz, oft mit gelblicher oder rötlicher Zeichnung. Viele Arten haben einen vorstehenden Legebohrer, oft ist dieser aber auch verborgen.

2.20 | Ichneumonidae (Darwinwespen)

Anzahl Arten: Deutschland 3644 (Riedel et al. 2021)

Die früher als «Echte Schlupfwespen» bezeichnete Familie gilt als die artenreichste der Hautflügler. Es sind schlanke Wespen mit Körperlängen zwischen 2 und 100 mm, oft einheitlich dunkel gefärbt oder mit schwarz-weißer oder schwarz-gelber Musterung. Die Füße sind fünfgliedrig. Das Flügelgeäder ist für Schlupfwespen recht umfangreich und variiert nur sehr wenig, nur bei kleinen Arten ist es etwas reduziert. Auffallend ist die große, rautenförmige Zelle unter dem Flügelmal; bei den Braconidae ist diese unterteilt.

Sie parasitieren nur die Larven von holometabolen Insekten; einige Arten parasitieren Spinnen und ihre Gelege. Unter ihren Wirten sind Schmetterlings- und Blattwespenraupen sowie Käfer gut vertreten.

Riesenschlupfwespe *(Rhyssa persuasoria)*
Mit einer Länge bis zu 85 mm, wobei der Legebohrer etwa die Hälfte ausmacht, ist die schlanke, schwarz-weiß gemusterte Riesenschlupfwespe eine imposante Erscheinung. Sie lebt vorwiegend als solitärer Parasitoid der Riesenholzwespe *(Uroceras gigas)* und kann oft zusammen mit dem Wirt angetroffen werden. Allerdings ist ihr natürliches Vorkommen auf Europa beschränkt. In Nordamerika treten andere, sehr ähnlich aussehende

Rhyssa-Arten an ihre Stelle. Spannend an diesen Wespen ist einerseits, wie sie ihre Opfer aufspüren, und andererseits, wie sie ihre Opfer in 1–3 cm Holztiefe lokalisieren und mit einem Ei belegen können. Obwohl nicht alle Details bekannt sind, kann man davon ausgehen, dass die Schlupfwespen auf größere Distanzen von Stoffen angelockt werden, die von einem kranken oder gefällten Baum ausgehen. Die Nahorientierung erfolgt durch Duftstoffe, die von der Holzwespenlarve selbst, aber auch von ihrem Kot und vom symbiotischen Pilz ausgehen (Spradbery 1970). Ist eine Wespe in der Nähe eines möglichen Wirtes gelandet, schreitet sie das Holzstück ab, stets mit den sehr empfindlichen Fühlern den Untergrund abtastend. Haben diese verdächtige Reize wahrgenommen, platziert sie den Legebohrer mitsamt der Legebohrerscheide an die verdächtige Stelle und verharrt kurze Zeit regungslos (Abb. oben). An den Spitzen von Legebohrer und Bohrerscheide befinden sich ebenfalls sehr empfindliche Sinnesorgane, die offenbar in der Lage sind, andere Signale als die Fühler wahrzunehmen. Weisen die Signale nicht auf einen Wirt hin, sucht die Wespe weiter, andernfalls beginnt sie, ihren Legebohrer einzustechen (Abb. unten). Zur genauen Lokalisierung im Holz braucht die Schlupfwespe wiederum ihren Legebohrer mit den empfindlichen Sinnesorganen. Trifft die Wespe nicht genau auf ihr Opfer, ist sie in der Lage, die Richtung des Legebohrers im Holz zu ändern. Trotzdem sind meist mehrere Probebohrungen nötig, um das Opfer aufzuspüren, das schließlich mit einem Ei belegt wird. Gleichzeitig wird das Opfer mit einer Giftinjektion gelähmt. Dies ist wichtig, denn die ausschlüpfende Parasitoidenlarve saugt sich außen an der Haut fest. Würde sich die Holzwespenlarve weiter durch das Holz bohren, würde sie ihren Feind abstreifen. Die ersten drei Larvenstadien der Schlupfwespe ernähren sich vom Blut ihres Wirtes, das letzte Larvenstadium frisst anschließend den Rest des Opfers. Die Entwicklung der *Rhyssa*-Larve dauert je nach Temperatur 1–2 Monate. Die Verpuppung erfolgt entweder sofort oder erst im folgenden Frühjahr.

Obwohl Riesenschlupfwespen auch in Höhenlagen bis unterhalb der Waldgrenze recht verbreitet sind, braucht es doch etwas Glück, um ihnen zu begegnen. Am ehesten Erfolg hat man, wenn man an frisch gefällten und ungeschälten Stämmen von Nadelbäumen nach ihnen sucht. Hat man die Schlupfwespen einmal gefunden, so lassen sie sich leicht bei der Suche nach einem Wirt beobachten oder wenn sie ihren Legebohrer mühsam bis gut 3 cm tief ins Holz bohren, was bis zu 30 Minuten oder länger dauert.

Die Riesenschlupfwespe hat einen bemerkenswerten Feind aus der eigenen Verwandtschaft: *Pseudorhyssa nigricornis.* Die Art lebt von den gleichen Wirten wie *Rhyssa.* Ihr Legebohrer ist aber zu schwach, um Holz durchbohren zu können. Um trotzdem an ihr Ziel zu gelangen, benutzt sie die Bohrlöcher von *Rhyssa.* Wie sie die findet und ihren eigenen Legebohrer in die nur Bruchteile von Millimetern messenden Einstiche einführen kann, ist bemerkenswert.

Die Riesenschlupfwespe auf der Suche nach einem Wirt. Mit Antennen und Legebohrer inspiziert sie ein Stück Fichtenholz.

Hat sie ein Wirtsinsekt aufgespürt, bohrt sie den Legebohrer ins Holz.

Dolichomitus spp.

Die Wespen dieser Gattung weisen ebenfalls eine stattliche Größe und oft einen imposanten Legebohrer auf, der mehr als Körperlänge erreichen kann. Die Art *Dolichomitus imperator* wird wie *Rhyssa persuasoria* auf Deutsch ebenfalls als Riesenschlupfwespe bezeichnet. Die meisten *Dolichomitus*-Arten sind solitäre Ektoparasitoide von Bockkäferlarven oder -puppen, die in Laub- oder Nadelholz leben. Die beiden abgebildeten Arten zeigen ein unterschiedliches Eilegeverhalten. Die eine Art, *Dolichomitus imperator* (Abb. oben), sticht senkrecht ins Holz. In der ersten Phase des Einstichs platziert die Wespe die Spitze des Legebohrers zwischen den auf dem Holz anliegenden Fühlerspitzen, die mithilfe zahlreicher empfindlicher Sinnesorgane das Opfer im Innern des Holzes lokalisiert haben (Abb. oben links). Wie bei verwandten Arten wird der Legebohrer dabei durch die Hüften der Hinterbeine sowie durch die Legebohrerscheide stabilisiert. Letztere löst sich bei beginnendem Einstich ins Holz. Beim Stechvorgang spielen die Anatomie und die Funktion des Bohrers eine wichtige Rolle. Dieser besteht aus drei Teilen: der oberen Valve und den beiden unteren Valven. Letztere sind so miteinander verbunden, dass sie abwechselnd Millimeter um Millimeter eingestochen

Dolichomitus imperator. Zu Beginn des Einstichs wird der Legebohrer mit den Hinterhüften stabilisiert.

Langsam wird der Legebohrer ins Holz eingestochen, die Scheide des Legebohrers hat sich gelöst und weist senkrecht nach oben.

werden können, ohne sich voneinander zu lösen (Zwakhals 2010). Die beiden Hälften umschließen gleichzeitig den Eilegekanal. Manche *Dolichomitus*-Arten drehen sich während des Einstechens, was als zusätzliche Einbohrhilfe verstanden werden kann.

Die andere *Dolichomitus*-Art (Abb. oben) weist einen Legebohrer auf, der fast doppelte Körperlänge erreicht. Sie parasitiert unter anderem Puppen des Fichtensplintbocks *(Tetropium castaneum)*. Bevor sich die ausgewachsenen Bockkäferlarven dieser Art verpuppen, bohren sie einen senkrechten, 2–4 cm tiefen Gang ins Holz, der am Ende einen rechtwinkligen Knick aufweist. Nach diesem Knick wird die Puppenwiege angelegt. Die Wespe hat zwei Probleme: Das erste Problem besteht darin, die Spitze des überlangen Legebohrers in die Öffnung des Fraßganges der Bockkäferlarve zu kriegen. Obwohl die Spitze des Legebohrers mit empfindlichen Sinnesorganen versehen ist, braucht es mehrere Anläufe, bis sich der Erfolg einstellt. Ist es so weit, schreitet die Wespe rückwärts und schiebt den Legebohrer immer tiefer in den Fraßgang des Bockkäfers. Um ihr Ziel zu erreichen, zögert sie auch nicht, gänzlich in den Fraßgang einzudringen (Abb. oben rechts). Das zweite Problem stellt sich beim Knick des Fraßganges, hinter dem die ausgewachsene Larve oder die Puppe liegt. Offensichtlich gelingt es der Wespe, auch dieses Hindernis zu überwinden.

Diese *Dolichomitus*-Art versucht, ihren überlangen Legebohrer in den Fraßgang einer Bockkäferlarve einzuführen.

Reicht der Legebohrer nicht, schreitet die Wespe rückwärtsgehend in den Fraßgang des Wirtes.

Dahinter steckt eine Meisterleistung der Natur, die einen Legebohrer entwickelt hat, der ein Optimum aus Stabilität und Flexibilität aufweist. Dies kann als Anpassung an die Verteidigungsstrategie des Bockkäfers verstanden werden. Diese besteht darin, sich tief ins Holz einzubohren und vor der Puppenwiege zusätzlich noch einen rechtwinkligen Knick einzubauen.

Gelis melanocephalus

Unter den Darwinwespen gibt es zahlreiche Arten, die Spinnen oder ihre Gelege parasitieren. Dazu gehören einige *Gelis*-Arten. Während die Männchen geflügelt sind, gibt es Arten mit ungeflügelten Weibchen. Dazu gehört die hier vorgestellte *Gelis melanocephalus*. Die etwa 5 mm lange Wespe sieht daher einer Roten Gartenameise täuschend ähnlich, möglicherweise handelt es sich um eine Form von Mimikry, gelten doch Ameisen als eher wehrhafte Tiere. Die Wirte von *Gelis melanocephalus* sind die Gelege von Streckerspinnen (Tetragnatidae). Mit ihren langen, sensiblen Fühlern spürt sie die an der Unterseite von Grasblättern befestigten Eikokons auf. Diese enthalten einige Dutzend Spinneneier, die von einer dichten Schicht von Spinnenseide umhüllt sind. Doch diese bietet keinen Schutz vor der Wespe. Mit ihrem kräftigen Legebohrer durchstößt sie das Gewebe und legt 1–2 Eier zwischen die Spinneneier (Abb. oben). Die nach wenigen Tagen ausschlüpfenden Wespenlarven beginnen nun, ein Spinnenei nach dem anderen zu verzehren, eine Lebensweise, wie sie für räuberische Insekten typisch ist. Sind sie ausgewachsen, verpuppen sie sich im Eikokon der Spinne. Wenn sie im Schutz der dichten Lage von Spinnenseide ihre Entwicklung vollendet haben, gelangen die Wespen durch ein selbst gefertigtes Loch ins Freie. Normalerweise verzehren die Wespenlarven nicht alle Spinneneier, sodass immer noch einige Jungspinnen schlüpfen.

Ungeklärt ist die Frage, wie die ungeflügelten *Gelis*-Weibchen in der ihnen zur Verfügung stehenden relativ kurzen Lebenszeit genügend Spinnengelege finden, um die Erhaltung der Art zu sichern. Dazu muss man sich vorstellen, dass die Spinnengelege über eine größere Fläche verstreut und in einer meist dichten Vegetation versteckt sind. Man kann nur darüber spekulieren, dass sie über äußerst sensible Sinnesorgane verfügen, die in der Lage sind, die Spinnengelege über größere Distanzen zu lokalisieren.

Die Gattung *Gelis* ist sehr artenreich. Neben ungeflügelten kommen auch geflügelte Arten vor. Jede Art hat ihre bevorzugten Wirte. Darunter gibt es Arten, die Schädlinge wie das Getreidehähnchen parasitieren, was allerdings nur dann möglich ist, wenn keine Insektizide angewendet werden.

Gelis-Wespen sind nicht die einzigen Darwinwespen, die Gelege von Spinnen parasitieren. Vertreter der Gattung *Agasthenes* belegen ebenfalls Eikokons von Spinnen, wo sich ihr Nachwuchs im Schutze des dichten Gewebes von Spinnenseide entwickeln kann (Abb. unten).

Gelis melanocephalus bei der Eiablage in das Gelege einer Streckerspinne.

Agasthenes varitarsus bei der Eiablage in ein Spinnengelege.

Polysphincta spp. und Verwandte

Alle Vertreter dieser Gruppe leben ektoparasitisch als solitäre Koinobionten ausschließlich bei Spinnen. Die meisten Arten haben sich auf bestimmte Spinnen spezialisiert. Im Laufe ihrer Entwicklungsgeschichte mussten sie lernen, wie die für sie lebensgefährlichen Wirte mit einem Ei belegt werden können. Die meisten Arten attackieren Jungspinnen. In der Art und Weise der Attacken sind die Wespen sehr flexibel. Verbreitet sind Attacken auf die in ihrem Unterschlupf lauernde Spinne sowie das Nachahmen eines Beutetieres. Dabei folgt die Attacke, sobald die Spinne in Reichweite ist. Das abgelegte Ei wird mit einem Sekret an die Spinnenhaut geklebt. Ist bereits eine Parasitoidenlarve vorhanden, so gibt es Arten, die gelernt haben, die Larve der Konkurrentin zu entfernen, bevor sie das eigene Ei legen. Die ausschlüpfende Larve bleibt vorerst mit dem Hinterende fest mit der Eihülle verbunden.

Nun beginnt sie, der Spinne blutende Wunden zuzufügen, um das austretende Blut auflecken zu können. Die Wespenlarve wächst im oberen Bereich des Hinterleibs (Abb. oben links und S. 173 oben) oder zwischen Vorderkörper und Hinterleib der Spinne heran (Abb. oben rechts). Dort kann die Spinne mit ihren Beinen die Larve nicht erreichen und abstreifen. Einige Wespenarten veranlassen die Spinne kurz vor ihrem Ableben, spezielle Strukturen zu spinnen, in denen sich die Parasitoidenlarve verpuppt (Abb. S. 173 unten). Die geschilderten Beobachtungen zum Verhalten der *Polysphincta*-Wespen sind der Arbeit von Quicke (2015) entnommen.

Die Streckerspinne *Tetragnatha nigrita* mit der Larve eines Parasitoiden auf dem Rücken.

Parasitierte Radnetzspinne *Araniella* sp. Die Parasitoidenlarve schmiegt sich in den Übergang zwischen Vorderkörper und Abdomen.

Rechte Seite:

Eine Baldachinspinne mit einer Parasitoidenlarve im Rückenbereich.

Zwei unterschiedliche Puppenkokons von *Polysphincta*-Vertreterinnen aufgehängt am ehemaligen Netz einer Baldachinspinne, darüber die Überreste der parasitierten Spinne.

Xorides spp.

Vertreter der Gattung *Xorides* parasitieren die Larven von Bock- und Prachtkäfern (Cerambycidae und Buprestidae), die unter der Rinde von Laub- und Nadelhölzern leben. Die einheimischen Arten fliegen von April bis September und können am besten an kürzlich gefällten Bäumen beobachtet werden. In langsamem Gang und mit tastenden Fühlern bewegen sich die Weibchen auf der Rinde. Haben sie ein Opfer lokalisiert, wird es mit einem Stich gelähmt und anschließend mit einem Ei belegt (Abb. oben links). Die Wespenlarve entwickelt sich ektoparasitisch.

Kürzlich beobachtete eine Forschungsgruppe in den Schweizer Alpen ein bisher bei Schlupfwespen unbekanntes Paarungsverhalten bei *Xorides ater* (Shaw et al. 2021). Normalerweise herrscht unter Männchen, die sich um die Gunst eines Weibchens bewerben, ein Konkurrenzkampf, aus dem ein Sieger hervorgeht, der sich mit dem Weibchen paart. Nicht so bei *X. ater.* Die Autoren fanden Situationen vor, bei denen sich zwei Männchen mit einem Weibchen paarten. Wie das Autorenteam schreibt, fanden sie bei den dreien jeweils eine entspannte Situation vor, die Flügel der Männchen angelegt, die Beine ruhig in der Luft oder in Kontakt mit der Unterlage, also keine Hinweise auf ein Wegschubsen des Konkurrenten. Auch das Weibchen verhielt sich gleich wie andere Weibchen in der Umgebung, die sich mit einem einzigen Männchen paarten. Aus den Beobachtungen ging allerdings nicht hervor, ob beide Männchen ihr Sperma erfolgreich zum Weibchen übertragen konnten. Wäre das der Fall, könnte der Vorteil darin bestehen, dass die Nachkommenschaft über eine größere genetische Vielfalt verfügt als nach einer Paarung mit nur einem Männchen, wie es die Abb. oben rechts zeigt.

Weibchen von *Xorides praecatorius* bei der Eiablage in Buchenholz.

Paarung von *Xorides praecatorius.*

Rechte Seite:

Pimpla turionellae bei der Eiablage.

Pimpla turionellae, Parasitoid der Traubenkirschen-Gespinstmotte

Diese etwa 12 mm große Wespe ist ein weit verbreiteter Parasitoid von Schmetterlingspuppen. Ihr Körper ist vorwiegend schwarz, die Beine sind zum größten Teil rot. Der kräftige Legebohrer misst etwa ein Drittel der Körperlänge. Sie ist von Mai bis Oktober aktiv und attackiert verschiedene Schmetterlingsarten, die sich in Gespinsten oder unter Borke verpuppen. Häufig anzutreffen ist sie auf den Verpuppungsgespinsten von Traubenkirschen-Gespinstmotten, *Yponomeuta evonymella* (Yponomeutidae). Der wissenschaftliche Name bezieht sich irrtümlich auf das Pfaffenhütchen, wo eine nahe verwandte Art *(Yponomeuta cagnagella)* lebt. Beide Mottenarten leben in Gruppen in Gespinsten mit klebrigen Fäden, die sie um einen Zweig ihrer Nahrungspflanzen spinnen und wo sie ziemlich ungestört an den Blättern fressen. Zur Verpuppung bilden sie einen Knäuel, der von einem Gespinst umgeben ist. Zudem ist jede Puppe in einem dichten Kokon eingepackt. So sind sie recht gut vor vielen Fressfeinden geschützt, nicht jedoch vor einigen Parasitoiden.

Zu ihnen gehört *Pimpla turionellae.* Sie parasitiert verschiedene Schmetterlingsarten, die sich unter anderem in Kokons verpuppen. Versuche haben gezeigt, dass sie sehr stark auf den Geruch des Gespinstes, des Puppenkokons und der Puppe selbst reagiert (Sandlan 1980). Als einer der wenigen Parasitoiden ist sie in der Lage, dank

ihres kräftigen Legebohrers sowohl das Gespinst als auch die Puppenhülle zu durchstechen und ein Ei in die Puppe zu legen (Abb. S. 175). Gefährdet sind vor allem jene Puppen, die außen am Knäuel liegen, während jene, die im Innern liegen, von *Pimpla* nicht erreicht werden können. Dieses gruppenweise Verpuppen ist ein Teil der Überlebensstrategie der Gespinstmotten.

Tersilochus, Phradis & Co. als Parasitoide von Rapsglanzkäfern

Rapsglanzkäfer *Brassicogethes aeneus* und *B. viridescens*, besser bekannt unter den früheren Namen *Meligethes aeneus* und *M. viridescens* (Nitidulidae), gehören in Mitteleuropa zu den wichtigsten Rapsschädlingen (Büchi 2002). Sie überwintern in der Streu entlang Waldrändern und Hecken und fliegen in die Rapsfelder ein, kurz bevor sich die ersten Knospen öffnen. Sie beißen Löcher in die Knospen, um an den Pollen zu gelangen. Nach diesem Reifungsfraß beißen die Weibchen ein Loch in die Knospenbasis, durch das sie ein Ei legen. Die Larven entwickeln sich in den geschlossenen Knospen und ernähren sich ebenfalls von Pollen. Die geschädigten Knospen fallen ab. Die ausgewachsenen Larven verpuppen sich im Boden und 3–4 Wochen später schlüpfen die Käfer.

Die wichtigsten Parasitoide der Rapsglanzkäfer in Mittel- und Nordeuropa sind drei Arten aus der Familie Ichneumonidae: *Tersilochus heterocerus, Phradis interstitialis* und *P. morionellus*. Dazu kommen je nach geografischer Lage noch weitere fünf, weniger bedeutende Parasitoidenarten aus anderen Familien vor. Die drei Ichneumoniden gehören alle zur Unterfamilie Tersilochinae. Sie sehen sehr ähnlich aus und können auf Fotos nicht unterschieden werden. Mit einer Körperlänge von 4 bis 5 mm gehören sie innerhalb der Familie zu den kleinen Arten. Der Körper ist schwarz, die Beine sind etwas heller und der Legebohrer ist leicht nach oben gebogen. Sobald die Rapsglanzkäfer in den Feldern erscheinen, tauchen auch die ersten Parasitoide auf. Je nach Jahr und Lokalität variiert die Parasitierungsrate. 1989 stellten Büchi & Roos-Humbel (1991) Werte zwischen 0,5 und 84 % fest, im Folgejahr solche zwischen 0 und 26 %.

Eine schwedische Forschergruppe ist der Frage nachgegangen, wie die drei Ichneumoniden-Arten die Konkurrenzsituation meistern (Berger et al. 2015). In Laborversuchen konnten sie nachweisen, dass *T. heterocerus* kleinere und mittlere Larven attraktiver fand als große. Die Art reagierte nicht auf befallene Rapsknospen, wohl aber auf befallene Rapsblüten. Die beiden *Phradis*-Arten reagierten auf befallene Rapsknospen, *P. morionellus* zudem auf befallene Rapsblüten. Aus diesen Laborergebnissen, kombiniert mit den Feldbeobachtungen, geht hervor, dass die beiden *Phradis*-Arten unterschiedliche Wirtsstadien bevorzugen. *Phradis interstitialis* (Abb. links) bevorzugt frühe Wirtsstadien, war in den Rapsfeldern am häufigsten, wenn die Knospen noch grün waren, während *P. morionellus* etwas später erschien, wenn die ersten Knospen gelb oder bereits geöffnet waren. *Tersilochus heterocerus* war während der ganzen Saison häufig, jedoch nicht ganz zu Beginn und ganz am Ende. Im Feld wurde *P. interstitialis* oft bei der Eiablage in grüne Knospen beobachtet, wobei sie das Eiablageloch des Glanzkäfers benutzte.

Nachforschungen zeigten, dass diese Art nicht nur Junglarven belegt, sondern auch Eier. Durch ihr unterschiedliches Eiablageverhalten gelingt es den Weibchen der drei Arten, Konkurrenzsituationen im Feld weitgehend zu vermeiden. Was sie jedoch nicht vermeiden können, sind Mehrfachbelegungen der Glanzkäferlarven, einerseits durch Eier verschiedener Arten und andererseits durch Eier der gleichen Art (Abb. rechts). Damit ist der Keim für einen gnadenlosen Konkurrenzkampf im Innern der Wirtslarve gelegt, denn nur ein Wespenindividuum kann sich in einer Wirtslarve entwickeln.

Eine Tersilochinae legt ein Ei durch das Eiablageloch des Rapsglanzkäfers. Aufgrund dieses Verhaltens dürfte es sich um *Phradis interstitialis* handeln.

Deutlich sind die schwarzen Eier von *Tersilochus heterocerus* unter der Haut der Rapsglanzkäferlarve zu erkennen. Es wird sich aber nur eine einzige Schlupfwespe in der Käferlarve entwickeln.

Dieser Konkurrenzkampf beginnt, sobald sich die ausgewachsenen Rapsglanzkäferlarven fallen gelassen haben, um sich in der Erde zu verpuppen. Dies ist der Moment, in dem sich die Parasitoidenlarven zu entwickeln beginnen. Wie sich der Kampf der Larven abspielt, ist nicht bekannt. Bekannt ist allerdings, dass die Larven des ersten Stadiums stark sklerotisierte, sichelförmige Mandibeln haben, die sie zu kräftigem Zubeißen befähigen. Als Sieger dürfte aber wahrscheinlich jene Art hervorgehen, die am häufigsten ist. In der Schweiz ist dies *T. heterocerus*. Untersuchungen zeigten, dass die Art regional ganz unterschiedlich auftrat (Büchi & Ross-Humbel 1991). Die von ihr verursachten Parasitierungsraten lagen zwischen 0 und 84 %. Andere Parasitoiden spielten nur eine untergeordnete Rolle.

Venturia canescens, Parasitoid von Vorratsschädlingen

Wenn diese etwa 6 mm lange Wespe im Haushalt erscheint, ist es angebracht, den Vorratsschrank zu kontrollieren. Raupen verschiedener Vorratsschädlinge locken sie an: Mehlmotte *(Ephestia kuehniella)*, Dörrobstmotte *(Plodia interpunctella)*, Dattelmotte *(Ephestia cautella)* und Verwandte, dazu auch die in Bienenstöcken lebenden, unbeliebten Wachsmotten (*Galleria mellonella* und *Achroia grisella*). Die Weibchen, die sich mehrheitlich parthenogenetisch fortpflanzen, legen ein Ei in die jungen Wirtsraupen (Abb. rechts). Eine Schutzschicht, die das Ei umgibt, verhindert die Immunabwehr des Wirtes. Zusätzlich mit der Eiablage werden virenähnliche Partikel in den Wirt injiziert, die das Immunsystem des Wirtes ausschalten. Die Wirtsraupe kann sich noch bis zur Verpuppungsreife entwickeln, erst dann wird sie von der endoparasitisch lebenden Schlupfwespe verzehrt. Die ausgewachsene Wespenlarve verlässt ihren toten Wirt, um sich daneben zu verpuppen. Da *Venturia*-Wespen im Gebäudeinnern leben, können sie sich auch während des Winters vermehren und brauchen keine Diapause.

Venturia canescens ist einfach zu züchten, was sie zu einem beliebten Labortier von Insektenforschern gemacht hat. Im Umgang mit ihr wurden verschiedene grundlegende Erkenntnisse über Parasitoide erworben, so die Entdeckung der Polydnaviren und die Symbiose mit virenähnlichen Partikeln, die bei der Evolution der Darwinwespen eine wichtige Rolle spielten. Andererseits wird *Venturia canescens* von verschiedenen Produzenten zur biologischen Bekämpfung von Vorratsschädlingen angeboten. Abnehmer sind weniger die privaten Haushalte als vielmehr Lagerhäuser, Silos und Verarbeiter von gefährdeten Gütern.

Venturia canescens bei der Eiablage
in Raupen der Mehlmotte.

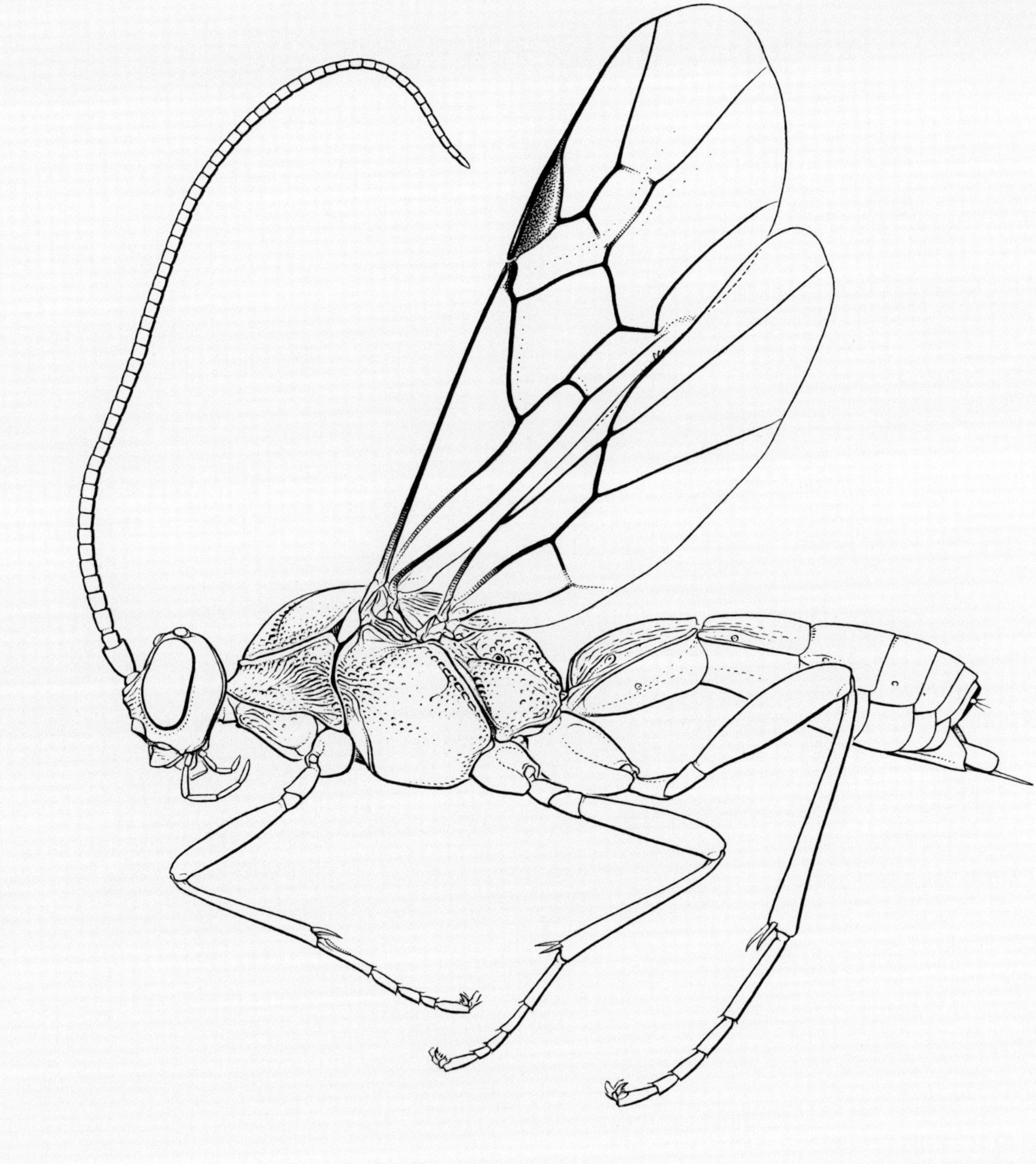

Aleiodes cruentus, Weibchen,
Größe = 8,3 mm

2.21 | Braconidae (Brackwespen)

Anzahl Arten: Deutschland 1485 (Belokobylskij et al. 2003)

Die Körperlänge der Brackwespen liegt zwischen 1,5 und 25 mm, im Schnitt sind sie deutlich kleiner als die Darwinwespen, die zur gleichen Überfamilie gehören. Die Füße sind fünfgliedrig. Das Flügelgeäder ist sehr variabel, bei kleineren Arten ist es oft teilweise reduziert. Die Fühler sind ungekniet und haben meist 16 und mehr Geißelglieder, selten nur 11 Geißelglieder (Blattlauswespen, Aphidiinae).

Die Brackwespen weisen eine Vielzahl von Lebensweisen auf, wobei holometabole Insekten im Wirtsspektrum klar überwiegen. Die meisten Arten sind endoparasitoide Koinobionten. Dies tut aber der Vielfalt unrecht, denn auch die ektoparasitische, idiobionte Lebensweise ist weit verbreitet. Ferner parasitieren einige Arten auch hemimetabole Insekten wie Blattläuse und befallen manchmal auch Adultstadien des Wirtes.

Blattlauswespen (Aphidiinae)

Von den Blattlauswespen existieren über 400 Arten, die in rund 60 Gattungen zusammengefasst werden (Starý 1970). Sie bilden innerhalb der Braconidae eine eigene Unterfamilie, die sich morphologisch und vor allem ökologisch von den anderen Brackwespen unterscheidet, weshalb sie früher als eigene Familie (Aphidiidae) betrachtet wurden. Wie der deutsche Name verrät, leben alle Vertreter dieser Gruppe endoparasitisch bei Blattläusen, und zwar als solitäre Koinobionten.

Die Wespen sind je nach Art zwischen 1,5 und 4 mm lang, schlank und meist schwarz oder düster gefärbt. Eine Wespenart bevorzugt für die Entwicklung ihres Nachwuchses meist bestimmte Blattlausarten mit sehr ähnlicher Lebensweise. Auf der Suche nach Blattläusen orientieren sie sich nach Duftstoffen, die einerseits von den Wirtspflanzen der Blattläuse abgegeben werden, andererseits aber auch von den Blattläusen selbst stammen. Die Wespenweibchen sind wenig wählerisch, was das Entwicklungsstadium der Blattläuse anbelangt, trotzdem ist eine Bevorzugung des zweiten und dritten Larvenstadiums festzustellen. Mit feinen Fühlerkontakten wird die Eignung der Blattlaus geprüft, wobei die Wespe bis zu einem gewissen Grad auch feststellen kann, ob die Blattlaus bereits parasitiert ist.

Die Blattlauswespen zeichnen sich durch ein typisches Eiablageverhalten aus: Ist eine geeignete Blattlaus gefunden, streckt das Weibchen den Hinterleib zwischen den Beinen unter Brust und Kopf hindurch, schiebt sich vorsichtig an die Blattlaus heran, um blitzschnell den Legebohrer in den Körper der Blattlaus zu stechen und dort ein Ei abzulegen (Abb. S. 183 oben). Der ganze Eiablagevorgang dauert je nach Wespen- und Blattlausart etwa eine Sekunde bis eine knappe Minute. Jede Gegenwehr der Blattlaus kommt zu spät. Die Eier der Wespen sind mikroskopisch klein und variieren in ihrer Form. Ihre Länge liegt meist zwischen 0,08 und 0,1 mm und ihr Durchmesser zwischen 0,016 und 0,04 mm (Starý 1970). Aus dem Wespenei schlüpft nach etwa 2 Tagen die Larve. Sie ernährt sich vorerst vom Blut der Blattlaus, später verzehrt sie alle inneren Organe, was die Blattlaus nicht überlebt. Die meisten Wespenlarven verpuppen sich in einem Kokon im Innern der toten Blattlaus, was zur Bildung der sogenannten Blattlausmumien führt. Arten der Gattung *Praon* verpuppen sich unter der ausgefressenen Blattlaus, was deren Hülle wie auf einem Sockel stehend erscheinen lässt. Etwa eine Woche nach der Verpuppung verlässt die ausgewachsene Schlupfwespe die Blattlausmumie durch ein kreisrundes Loch. Die ganze Entwicklung von der Eiablage bis zum Schlüpfen der Wespe dauert je nach Temperatur 2–4 Wochen. Die ausgewachsenen Wespen ernähren sich von Nektar und Honigtau. Die Weibchen leben etwa 2–3 Wochen und können in dieser Zeit je nach Art zwischen 100 und 500 Eier legen. Blattlauswespen bilden mehrere Generationen pro Jahr. In Mitteleuropa überwintern sie im Vorpuppenstadium in der Blattlausmumie (Hågvar & Hofsvang 1991). Eine bisher nicht dokumentierte Art der Überwinterung ist in der Abb. auf S. 184 unten dargestellt: Eine Blattlauswespe legt ein Ei in das überwinternde Ei der Ahornblattlaus *Drepanosiphum platanoidis.*

Blattlauswespen sind sehr effiziente Blattlausfeinde. Nicht selten sieht man ganze Blattlauskolonien, die nur noch aus den braunen, rundlichen Blattlausmumien bestehen. Da ihre Entwicklungszeit aber etwa doppelt so lange dauert wie die der Blattläuse, sind sie alleine nur ausnahmsweise in der Lage, Massenvermehrungen der Blattläuse in Grenzen zu halten. Dazu sind sie auf die Unterstützung durch andere spezialisierte Blattlausfeinde wie Marienkäfer, Schwebfliegen oder Pilzkrankheiten angewiesen. Eine Ausnahme stellt *Diaeretiella rapae* dar (Abb. oben). Diese Art ist in der Lage, selbst große Kolonien der Mehligen Kohlblattlaus *(Brevicoryne brassicae)* auf Raps vollständig zu parasitieren (Abb. unten).

Wer Blattlauswespen beobachten will, sucht mit Vorteil Stellen auf, wo ausgedehnte Blattlauskolonien vorhanden sind. Am besten geeignet sind Brennnesselbestände. In diesen Blattlauskolonien tummeln sich alle wichtigen Blattlausfeinde; der Beobachter hat einen wahren Mikrokosmos vor sich.

Viele Blattlauskolonien werden von Ameisen besucht. Grund sind die zuckerhaltigen Ausscheidungen der Blattläuse. Weil Blattläuse aus dem Pflanzensaft, den sie saugen, neben den Aminosäuren nur einen Teil des Zuckers verwerten, scheiden sie den restlichen Zucker wieder aus. Für manche Ameisenarten ist dieser Zucker zu einem wichtigen Nahrungsbestandteil geworden. Unermüdlich schreiten sie die Kolonien rauf und runter, betrillern mit ihren Fühlern das Hinterteil der Blattläuse, bis diese einen Tropfen des süßen Saftes von sich geben. Die Blattläuse profitieren insofern von den Ameisen, als diese durch ihr Herumwuseln Blattlausfeinden den Aufenthalt in den Kolonien vermiesen oder diese gar aktiv vertreiben. Doch diese Symbiose funktioniert in Bezug auf Blattlauswespen nicht immer (Abb. S. 184 oben). Völkl (1990) hat die Beziehungen zwischen einer Unterart der Bohnenblattlaus *(Aphis fabae cirsiiacanthoides)* auf

Diaeretiella rapae bei der Eiablage in die Mehlige Kohlblattlaus auf Raps.

Die ganze Blattlauskolonie auf der Rapspflanze wurde von *D. rapae* parasitiert.

der Acker-Kratzdistel *(Cirsium arvense)* und zwei Arten von Aphidiinae (*Lysiphlebus cardui* und *Trioxys angelicae*) unter dem Einfluss von Ameisenbesuchen *(Lasius niger)* untersucht. Erstere Art ist auf Bohnenblattläuse spezialisiert, Letztere parasitiert auch andere Blattläuse. Er stellte fest, dass sich *Lysiphlebus* von den Ameisen ungehindert in den Blattlauskolonien bewegen konnte und auch in der Lage war, sämtliche Blattläuse der Kolonie in kurzer Zeit zu parasitieren. Da parasitierte Blattläuse mehr Honigtau absonderten als nicht parasitierte, erhöhte dies die Aktivität der Ameisen und verstärkte damit deren Schutz vor Blattlausfeinden. Letztlich

Eine Blattlauswespe bei der Eiablage. Sie lässt sich von der im Hintergrund sichtbaren Ameise nicht stören.

Eine Blattlauswespe legt ein Ei in das überwinternde Ei der Ahornblattlaus.

gingen die Blattläuse als Verlierer aus dieser Beziehung hervor und *Lysophlebus* als klarer Gewinner. Im Gegensatz zu *Lysiphlebus* wurde *Trioxys* dauernd von den Ameisen angegriffen und konnte nur wenige Blattläuse parasitieren. Völkl schloss daraus, dass *Lysiphlebus* sich geruchlich als Blattlaus tarnte und deshalb nicht als Blattlausfeind erkannt wurde. Spätere Untersuchungen zeigten, dass die geruchliche Tarnung oder chemische Mimikry auf bestimmten Kohlenwasserstoffen (Alkane) in der Kutikula beruht. Weisen Blattlaus und Blattlauswespe einen sehr ähnlichen Gehalt an diesen Substanzen auf, wie im Fall der Bohnenblattlaus und *Lysiphlebus*, so sind die Ameisen nicht in der Lage, zwischen den beiden zu unterscheiden. Das kann so weit gehen, dass Ameisen die Parasitoiden mit ihren Fühlern betrillern, in der Hoffnung, auch von ihnen Honigtau zu erhalten (Quicke 2015). Die Beziehung zwischen Blattläusen und Ameisen wird gerne als Symbiose bezeichnet, also zum Nutzen beider Partner. Das genannte Beispiel zeigt aber, dass dem nicht immer so ist und in jedem einzelnen Fall abgeklärt werden muss.

Cotesia glomerata und die Raupeneier

Früher waren Raupeneier noch oft Gesprächsthema, speziell bei Hobbygärtnern, die Kohl anpflanzten. Heute verwendet kaum jemand mehr diesen Begriff. Mittlerweile gehört es zur Allgemeinbildung, dass Raupen keine Eier legen können. Trotzdem verbirgt sich hinter diesem Begriff ein interessantes Naturereignis. Dieses kann im Herbst spektakuläre Ausmaße annehmen, wenn bis zu 100 % der Raupen des Großen Kohlweißlings von «Raupeneiern» umgeben sind (Abb. S. 186 unten).

Es beginnt damit, dass eine 2,5–3,5 mm lange Brackwespe, auch als Kohlweißlingstöter bekannt, ihre Eier in noch kleine Raupen des Kohlweißlings legt (Abb. S. 186 oben). Der Einstich des Legebohrers in den Raupenkörper dauert einige Sekunden und löst heftige Reaktionen der Raupen aus. Diese schlagen wild um sich. Größere Raupen können auf diese Weise den Angriff ihres Feindes abwehren. Aus den Wespeneiern schlüpfen nach wenigen Tagen die Larven. Diese ernähren sich vom Raupenblut, das übrige Raupengewebe wird nicht angegriffen. Deshalb können sich die Kohlweißlingsraupen bis kurz vor der Verpuppung annähernd normal entwickeln. Bis zu diesem Zeitpunkt haben sich die Wespenlarven ebenfalls vollständig entwickelt. Zur Verpuppung verlassen sie alle gleichzeitig ihren Wirt (Abb. S. 186 Mitte). Am Körper der Raupe spinnen sie innerhalb weniger Stunden einen gelben, rundlichen Kokon (das «Raupenei»), in dem sie sich verpuppen. Die Wirtsraupe lebt noch 1–2 Tage, kann sich aber nicht mehr fortbewegen.

In einer Kohlweißlingsraupe entwickeln sich durchschnittlich 20–40 Larven der parasitischen Brackwespe. Diese gilt als der wichtigste natürliche Feind des Großen Kohlweißlings. Die blattgrünen Raupen des Kleinen Kohlweißlings werden von der gleichen Brackwespe ebenfalls parasitiert, jedoch in viel geringerem Ausmaß. Als Grund wird die unterschiedliche Lebensweise angenommen: Der Kleine Kohlweißling lebt ein-

zeln, der Große dagegen in Gruppen. Hat ein Brackwespenweibchen einmal eine Raupe des Großen Kohlweißlings gefunden, so fällt es ihr leicht, gleich die ganze Kolonie zu parasitieren. Die aufwendige Suche nach neuen Wirten verkürzt sich dadurch enorm. Der Parasitierungserfolg des Kohlweißlingstöters ist auf seine Symbiose mit den bereits erwähnten Polydnaviren (siehe Abschnitt 2.4) zurückzuführen, die das Immunsystem der Kohlweißlingsraupen ausschalten.

Marienkäfertöter *(Dinocampus coccinellae)*

Die Weibchen sind etwa 4 mm lang, Mesosoma und der vordere Teil des Gasters sind schwarz, der Rest ist braun. Auf dem breiten braunen Kopf fallen die großen grünlichen Augen auf. Der kurze, kräftige Legebohrer ist in Ruhestellung sichtbar und leicht nach unten gebogen. Da Männchen nur sehr selten vorkommen, wird angenommen, dass sich *D. coccinellae* parthenogenetisch fortpflanzt. In Europa wird der Siebenpunkt-Marienkäfer *(Coccinella septempunctata)* als Opfer bevorzugt, doch finden auch Angriffe auf Zweipunkt-Marienkäfer *(Adalia bipunctata)* statt (Abb. S. 188 oben).

Marienkäfer sind mit ihren derben, glatten Deckflügeln und der chitinisierten Bauchseite recht gut vor Parasitoiden geschützt. Das Problem des Marienkäfertöters besteht darin, eine weichhäutige Stelle für die Eiablage zu finden. Dazu wird das Opfer eingehend von allen Seiten inspiziert. Schließlich erfolgt die Eiablage in eine weichhäutige Stelle zwischen zwei Segmenten (Intersegmentalmembran). Zur Eiablage biegt die Wespe ihren Hinterleib zwischen den Beinen und unter Brust und Kopf nach vorne, so wie es auch die Blattlauswespen machen. Die Wespenlarve ernährt sich von Fettgewebe und vom Darminhalt ihres Wirtes. Sie lebt in Symbiose mit einem speziellen Virus. Bevor sie als ausgewachsene Larve den Käfer durch den Darmausgang verlässt, beimpft sie ihren Wirt mit diesen Viren. Diese hindern den Käfer am Weglaufen, sodass sich die Larve in Ruhe unter seinem Körper in einem Kokon verpuppen kann (Abb. S. 188 unten). Die Viren bewirken auch, dass der Käfer Bewegungen ausführt, als ob er fressen würde. Diese Bewegungen zusammen mit den Warnfarben des Käfers halten Fressfeinde fern und schützen die Wespenpuppe. Die Wespe schlüpft nach etwa einer Woche. Die meisten der parasitierten Marienkäfer überleben diese Behandlung nicht. Interessanterweise erholen sich einzelne, können ihr gewohntes Leben fortsetzen und sich gar fortpflanzen.

Cotesia glomerata parasitiert eine junge Kohlweißlingsraupe, die heftig um sich schlägt.

Die ausgewachsenen Larven verlassen gleichzeitig den noch lebenden Wirt.

Parasitierte Kohlweißlingsraupen umgeben von den Puppenkokons des Parasitoiden.

Der Marienkäfertöter attackiert einen Zweipunkt-Marienkäfer.

Die Larve des Marienkäfertöters hat sich in einem Kokon zwischen einem Siebenpunkt-Marienkäfer und einem Blatt verpuppt.

3 | Biologische Schädlingsbekämpfung

Unter biologischer Schädlingsbekämpfung versteht man den Gebrauch von lebenden Organismen, um die Populationsdichte eines Schadorganismus zu reduzieren oder ihn so zu beeinflussen, dass er weniger häufig oder weniger schädlich ist als ohne die vorgenommene Maßnahme. Als lebende Organismen kommen Räuber (z. B. Vögel, räuberische Insekten, Spinnen), Parasitoide (hauptsächlich Schlupfwespen und Fliegen sowie Nematoden) oder Krankheitserreger (vorwiegend Viren, Bakterien und Pilze) infrage. Die biologische Bekämpfung schließt also mechanische oder physikalische Verfahren aus. Ebenso sind Resistenzzüchtung, die Freilassung sterilisierter Männchen (Autozid-Methode) oder die Anwendung von Pflanzenextrakten nicht Teil der biologischen Bekämpfung. Alle diese Verfahren einschließlich der biologischen Bekämpfung können aber unter dem Begriff «nicht chemische Bekämpfung» zusammengefasst werden.
Im Sinne einer Harmonisierung der Begriffe im Bereich der biologischen Schädlingsbekämpfung schlugen Eilenberg et al. (2001) klare Definitionen vor, die heute weitgehend verwendet werden. Es werden vier verschiedene Methoden der biologischen Bekämpfung definiert:

1. Die inokulative biologische Schädlingsbekämpfung
Bei diesem Verfahren wird eine relativ geringe Anzahl von Nutzorganismen punktuell freigelassen. Die Population der Schaderreger wird quasi geimpft (inokuliert). Die Nutzorganismen müssen in der Lage sein, sich in der Population der Schaderreger selbstständig auszubreiten und sich zu vermehren, um diese schließlich über längere Zeit bekämpfen zu können.

2. Die inundative biologische Bekämpfung
Bei dieser «Überschwemmungsmethode» wird eine relativ große Menge von Nutzorganismen ausgebracht, die ausreichen soll, um die Population der Schaderreger zu bekämpfen. Es wird davon ausgegangen, dass sich die Nutzorganismen nicht oder nur in geringem Maße in der Population der Schaderreger vermehren und sich dort nur kurzfristig halten können.

Inokulative und inundative biologische Bekämpfung sind nicht immer einfach auseinanderzuhalten, weshalb beide auch unter dem Begriff «augmentative biologische Bekämpfung» zusammengefasst werden. Der Begriff Augmentation bezieht sich auf die Erhöhung der Zahl der Nutzorganismen in der Schädlingspopulation.

3. Die konservative biologische Bekämpfung
Dies ist die am häufigsten angewendete Methode zur biologischen Schädlingsbekämpfung. Sie basiert einerseits auf den Prinzipien der «Guten Landwirtschaftlichen Praxis» (Häni et al. 2022) und der Vielfalt an Lebensräumen in Form von Biodiversitätsförderflächen. Bei dieser Methode werden Umwelt oder Praktiken so verändert, dass spezifische natürliche Feinde oder andere Organismen geschützt oder gefördert werden, sodass sie in der Lage sind, den Schadorganismus oder seine Wirkung vorbeugend und langfristig

zu reduzieren. Tatsächlich können mit dieser Methode räuberische Insekten und Spinnen gefördert werden, entsprechende Untersuchungen über parasitische Insekten fehlen dagegen weitgehend. Zu diesem Thema existiert eine große Zahl von Untersuchungen. Exemplarisch sei hier der Übersichtsartikel von Albrecht et al. (2020) erwähnt, der viele weiterführende Literaturhinweise enthält. Die Methode genießt auch politische Unterstützung, wird doch die Anlage von Biodiversitätsförderflächen von verschiedenen staatlichen Stellen durch finanzielle Anreize gefördert.

4. Die klassische biologische Bekämpfung

Darunter versteht man die beabsichtigte Freisetzung eines exotischen Nutzorganismus, der normalerweise aus dem gleichen Faunengebiet stammt wie der zu bekämpfende Schaderreger. Das Ziel besteht darin, den Nutzorganismus dauernd anzusiedeln und eine langfristige Bekämpfung des Schaderregers zu erzielen. Im Grunde genommen handelt es sich dabei um inokulative Bekämpfungen.

Der erste Großerfolg der biologischen Bekämpfung wurde gegen die Australische Wollschildlaus *(Icerya purchasi)* erzielt. Dieser Schädling wurde in der zweiten Hälfte des 19. Jahrhunderts in Kalifornien eingeschleppt und drohte, den dortigen Zitrusanbau zu ruinieren. Der amerikanische Insektenforscher Charles Riley suchte daraufhin in Australien, dem Herkunftsgebiet der Schildlaus, nach natürlichen Feinden und fand dabei neben anderen Schildlausfeinden den Marienkäfer *Rodolia cardinalis*. Im Jahr 1888 erfolgte die erste Freilassung in Kalifornien. Schon im Folgejahr waren am Freilassungsort die Schildläuse kein Problem mehr. Dank wiederholter Freilassungen war der Schädling bald in ganz Kalifornien unter Kontrolle und die kalifornische Zitrusindustrie gerettet. Gemäß Angaben der Cornell University (USA) sollen die Kosten für das ganze Projekt 1500 US-Dollar betragen haben (Caltagirone & Doutt 1989). Seit dieser Zeit gilt die Bekämpfung verschleppter Schädlinge als die klassische biologische Schädlingsbekämpfung.

In diese Periode fällt auch die starke Zunahme des weltweiten Handels, unter anderem mit Pflanzen, Früchten und Gemüsen. Phytosanitäre Kontrollen, wie wir sie heute kennen, fehlten weitgehend, und so wurden auch Schädlinge zwischen Kontinenten und Ländern ausgetauscht. Einige Schädlinge konnten im neuen Verbreitungsgebiet nicht überleben, andere siedelten sich an und führten in der Folge ein unauffälliges Leben, anderen behagten die neuen Bedingungen und sie konnten sich zu gefürchteten Schädlingen entwickeln. Als Reaktion darauf setzte ein richtiger Boom der klassischen biologischen Schädlingsbekämpfung ein. Die meisten Anwendungen endeten jedoch mit Fehlschlägen. Erst in der zweiten Hälfte des 20. Jahrhunderts nahm der Erfolgsanteil dank ausgedehnter Vorabklärungen deutlich zu.

Die klassische biologische Bekämpfung ist heute ein weltweit fest etablierter Bestandteil der Schädlingskontrolle. Pionierin und nach wie vor führend ist das Commonwealth Agricultural Bureau International (CABI) mit zahlreichen weltweit angesiedelten Forschungsstationen. Diese Organisation führt auch Statistiken über die durchgeführten

Maßnahmen. Bis 2010 erfolgten 6175 Freilassungen gegen 588 Schadinsektenarten, davon konnten 172 Arten erfolgreich bekämpft werden (Kenis et al. 2017).

Einen detaillierten Einblick in das Ausmaß der Freilassungen exotischer Parasitoiden und Prädatoren geben Seehausen et al. (2021). Die Autoren fassten alle Freilassungen in der Westpaläarktis (Europa bis zum Ural, Vorderer Orient, Nordafrika) für den Zeitraum von 1890–2010 zusammen. Von den dokumentierten 780 Freilassungen endeten 326 (41,8 %) mit einer dauerhaften Ansiedelung, aber ohne nennenswerten Einfluss auf die Schädlingspopulationen. 184 Freilassungen (23,6 %) führten zu deutlichen Reduktionen und 94 (12,1 %) hatten die vollständige Kontrolle der Schädlingspopulationen zur Folge. Von den 416 Nützlings-Schädlingskombinationen waren 78 % Schlupfwespen, vorwiegend solitäre, koinobionte Endoparasitoide. Ihre Opfer waren fast ausschließlich pflanzensaftsaugende Insekten wie Blattläuse (Aphidoidea), Schmier- und Schildläuse (Coccoidea), Mottenschildläuse (Aleyrodoidea) und Blattflöhe (Psylloidea). Zu den erfolgreichen Projekten gehört unter anderen auch die Bekämpfung der eingeschleppten San-José-Schildlaus, die die europäischen Obstkulturen ernsthaft bedrohte.

3.1 | Beispiele

Es gibt zahlreiche Beispiele für die erfolgreiche Anwendung von Schlupfwespen zur Bekämpfung von Schadinsekten. Im Folgenden seien nur zwei wichtige Beispiele erwähnt. Das eine betrifft Mitteleuropa und das andere die tropischen und subtropischen Regionen Afrikas und Asiens.

Trichogramma brassicae gegen Maiszünsler *(Ostrinia nubilalis)*

Die Gattung *Trichogramma* besteht aus 245 Arten (UCD Community 2024), die selten größer als 1 mm sind. Alle parasitieren Eier verschiedenster Insekten, darunter auch von solchen, die in der Land- und Forstwirtschaft, aber auch im Haushalt schädlich sind. Mehrere Arten werden von verschiedenen Nützlings-Produzenten zu deren Bekämpfung angeboten. In den deutschsprachigen Ländern sind es die vier Arten *Trichogramma brassicae* (zur Bekämpfung des Maiszünslers), *T. cacaeciae* (gegen Pflaumen- und Apfelwickler), *T. dendrolimi* (gegen Pflaumen- und Apfelwickler und schädliche Schmetterlinge im Gemüsebau) und *T. evanescens* (gegen schädliche Motten im Haushalt und in Vorratshaltungen).

Das bekannteste Einsatzgebiet von *Trichogramma* in Mitteleuropa ist die Bekämpfung des Maiszünslers *Ostrinia nubilalis* (Pyralidae). Das Maiszünslerweibchen legt seine flachen Eier in Gruppen von 20 bis 40 Stück auf die Unterseite von Maisblättern. Die ausschlüpfenden Räupchen wandern den Hauptnerv entlang in Richtung Stängel. Im Winkel zwischen Blattansatzstelle und Stängel bohren sie sich in sein Inneres. Dort entwickelt sich die Raupe. Sie verpuppt sich knapp oberhalb des Wurzelbereichs, wo die Puppe überwintert. Der Schaden entsteht durch das Knicken des Stängels an der Einbohrstelle, wodurch die Assimilationsleistung reduziert wird. Gelegentlich fressen die Raupen auch an den Kolben oder bohren sich oberhalb des Kolbens in den Stängel, worauf der Kolben bricht. An den Fraßstellen entwickeln sich leicht auch Pilz- und Bakterienkrankheiten, die die Qualität der Pflanze vermindern. Wegen ihres versteckten Lebens haben Maiszünslerraupen und -puppen nur wenige natürliche Feinde und lassen sich auch mit Insektiziden nur schwer bekämpfen.

Mitte der 1970er-Jahre wurde bekannt, dass in der damaligen Sowjetunion der Maiszünsler erfolgreich mit *Trichogramma brassicae* (damals noch als *T. maidis* bezeichnet) bekämpft wurde. Ein französisches Forschungsteam konnte die Wespe importieren und anschließend an weitere Forschungsgruppen verteilen. In der Schweiz starteten erste Experimente 1975 und bereits 1978 wurde mit der kommerziellen Produktion begonnen (Bigler 1986). In Deutschland begann die biologische Bekämpfung im Jahre 1976 mit Freilassungen im Raum Freiburg (Kansy & Zimmermann 2016). Die Massenzucht erfolgte in Eiern der Mehlmotte *(Ephestia kuehniella)*, die ebenfalls zur Familie Zünsler gehört und ein leicht zu züchtender Vorratsschädling ist. Anfänglich erfolgte die Freilassung mit parasitierten Mehlmotteneiern, die auf Kartonrähmchen aufgeklebt waren (Abb. links unten). Die Kartonrähmchen mussten von Hand an ein Maisblatt gehängt werden, je eines pro 200 m^2 oder 50 Stück pro ha. Die ersten Versuche verliefen erfolgreich, doch schon 1980 führten Freilassungen im Kanton Genf auf 180 ha zu einem «riesigen Misserfolg», wie Keimer (1998) rückblickend in einer landwirtschaftlichen Zeitschrift schrieb. Die Ursache war bald erkannt: Die auf Mehlmotteneiern über viele Generationen gezüchteten Wespen waren nicht mehr in der Lage, die Maiszünslereier zu parasitieren (Van Bergeijk et al. 1989). Bereits nach vier Generationen Zucht auf Mehlmotteneiern konnten die Autoren beobachten, dass die Maiszünslereier zunehmend an Akzeptanz verloren.

Basierend auf diesen Erkenntnissen wurde die Zucht der Trichogrammen angepasst und die Bekämpfungserfolge stellten sich wieder ein. Parallel zur Ausdehnung der Behandlungsfläche wurde auch die Behandlungsmethode erweitert. Zusätzlich zu den Kärtchen oder anderen Hängesystemen bieten die meisten Produzenten auch Kügelchen aus biologisch abbaubarem Material an. Kärtchen wie Kügelchen können von Hand ausgebracht werden. Die Kügelchen können auch mechanisch verteilt werden, einschließlich des Abwurfs durch Drohnen. Im Jahr 2015 lag die in Baden-Württemberg, dem Hauptbefallsgebiet des Maiszünslers in Deutschland, mit *Trichogramma* behandelte Maisfläche bei 29 300 ha, was etwa 60 % des potenziellen Schadensgebietes entsprach. Die durchschnittliche Befallsreduktion lag bei 71%. Auf etwa 1000–2000 ha wurden die Maiszünsler chemisch bekämpft, wobei die Befallsreduktion rund 80% betrug (Kansy & Zimmermann 2015). In Deutschland und Österreich ist die chemische Maiszünslerbekämpfung weiterhin erlaubt. Bei der chemischen Bekämpfung werden auch nützliche Insekten getötet, was oftmals zu einer derart starken Blattlausvermehrung führt, dass sie ihrerseits schädlich werden können und bekämpft werden müssen (Bigler & Keller 1987). In der Schweiz ist die Anwendung von *Trichogramma* das einzige bewilligte Verfahren zur Maiszünslerbekämpfung. In Regionen mit einer einzigen Maiszünslergeneration pro Jahr erfolgen zwei Freilassungen im Abstand von 10 bis 14 Tagen mit insgesamt rund 220 000 Trichogrammen pro ha. In Regionen mit zwei jährlichen Generationen wird die erste Generation mit zwei Freilassungen im Juni und die zweite Generation mit einer weiteren Freilassung etwa Ende Juli bekämpft. Insgesamt werden dabei rund 440 000 Trichogrammen pro ha eingesetzt (Preukschas, persönliche Mitteilung). Die Parasitierungsraten liegen zwischen 75 und 93 %, die Zahl der befallenen Pflanzen reduziert sich um 60–90 % (Bigler 1986).

Trichogramma brassicae parasitieren ein Gelege des Maiszünslers.

Vollständig parasitiertes Gelege des Maiszünslers, erkennbar an der schwarzen Verfärbung.

Die Freilassung von *Trichogramma* kann mit solchen Kärtchen erfolgen. Unter dem Falz sind die parasitierten Eier der Mehlmotten aufgeklebt und vor Regen geschützt.

Bekämpfung der Maniokschmierlaus in Afrika und Asien

Maniok oder Cassava ist ein Wurzelgemüse ähnlich wie die Kartoffel, das ursprünglich in Südamerika heimisch war. Im 16. Jahrhundert wurde die anspruchslose Pflanze in Afrika eingeführt und bald in den meisten Ländern südlich der Sahara angebaut. Ab 1970 war die Pflanze Grundnahrungsmittel für rund 200 Mio. Menschen. 1973 wurde in der Region um Brazzaville (Kongo) die Massenvermehrung eines bisher unbekannten Schädlings beobachtet, der Maniokschmierlaus *(Phaenacoccus manihoti)*. Diese war mit illegal und unter Umgehung der Quarantänebestimmungen eingeschlepptem Pflanzenmaterial ins Land gelangt. Um 1990 hatte sich die Schmierlaus fast über das gesamte afrikanische Anbaugebiet ausgebreitet, verursachte Ernteausfälle von 60 bis 80 % und bedrohte Afrika mit einer Hungerkatastrophe.

In der Folge machten sich Mitarbeitende des Internationalen Instituts für Tropische Landwirtschaft (IITA) in Cotonou (Republik Benin) auf die Suche nach natürlichen Feinden im südamerikanischen Ursprungsgebiet der Maniokpflanze. Erst nach langer Suche konnte *P. manihoti* in Paraguay gefunden werden, wo sie ein unauffälliges Dasein führte. Bis 1987 konnten 18 Arten von natürlichen Feinden gesammelt und auf ihre Eignung zur Freilassung geprüft werden. Schließlich erwies sich *Apoanagyrus (Anagyrus, Epidinocarsis) lopezi*, ein Parasitoid aus der Familie Encytidae, als erfolgversprechend (Herren & Neuenschwander 1991) (Abb. S. 197). Erste Freilassungen erfolgten ab 1981 an 150 Standorten in 20 Ländern. Zehn Jahre nach den Freilassungen besiedelte der Parasitoid alle wichtigen Befallsgebiete und brachte die Schmierlaus in 95 % der Felder unter Kontrolle. Heute hat die Schmierlaus nur noch eine geringe Bedeutung. Die tat-

sächlichen und geschätzten Kosten für das Projekt, die von den Trägerorganisationen des IITA und den betroffenen afrikanischen Ländern getragen wurden, beliefen sich bis 2013 auf rund 47 Mio. US-Dollar. Demgegenüber steht je nach Berechnungsannahmen ein Nutzen von rund 8000–75 000 Mio. US-Dollar. Der Nutzen übersteigt folglich die Kosten um Faktoren zwischen 170 und 1600 (Zeddies et al. 2001). Diese Werte erhöhen sich laufend, da die Kosten praktisch gleich bleiben, der Nutzen aber wegen der anhaltenden Wirkung der Parasitoiden von Jahr zu Jahr zunimmt. Der Initiator und Leiter des Projektes, Hans Rudolf Herren, wurde für diese herausragende Leistung vielfach ausgezeichnet, unter anderem 1995 mit dem Welternährungspreis und 2013 mit dem Alternativen Nobelpreis. Dieses biologische Bekämpfungsprogramm gilt bis heute als das erfolgreichste.

Anfang des 21. Jahrhunderts wurde die Maniokschmierlaus auch nach Asien verschleppt. Zwischen 2008 und 2014 siedelte sie sich in Thailand, Kambodscha, Laos, Vietnam und Malaysia an. Nach afrikanischem Vorbild begannen Forschungsgruppen, *A. lopezi* zu züchten und freizulassen. Die Parasitierungsraten stabilisierten sich bei rund 50 %, was zusammen mit anderen Mortalitätsfaktoren reichte, um nennenswerte Schäden zu verhindern. Nach Schätzungen konnten Schäden von mehreren Milliarden US-Dollar verhindert werden. Genauere ökonomische Untersuchungen, wie sie in Afrika durchgeführt wurden, fehlen noch (Wyckhuys et al. 2021).

In diesen Gazekäfigen wurden die Parasitoiden der Maniokschmierlaus gezüchtet.

Apoanagyrus lopezi parasitiert eine junge Maniokschmierlaus.

3.2| Gesetzliche Vorschriften

Bei der augmentativen und der klassischen biologischen Bekämpfung werden die Nutzorganismen im Labor gezüchtet, gelangen in den Handel und werden schließlich in den Kulturen freigesetzt, wo sie die entsprechenden Schädlinge bekämpfen sollen. Es handelt sich folglich um Pflanzenschutzmittel und als solche werden sie grundsätzlich gleich behandelt wie chemische Pflanzenschutzmittel. Sie sind der Bewilligungspflicht unterstellt und müssen bestimmte Kriterien erfüllen, damit sie in den Handel gelangen können. In Deutschland sind gemäß dem Gesetz über Naturschutz und Landschaftspflege nur die Krankheitserreger (z. B. das Granulosevirus des Apfelwicklers) der Bewilligungspflicht unterstellt. In der Schweiz regelt die Verordnung über das Inverkehrbringen von Pflanzenschutzmitteln die Zulassung von Krankheitserregern, Nematoden, parasitischen und räuberischen Insekten als Pflanzenschutzmittel. Entsprechende Regelungen gelten auch in Österreich gemäß Pflanzenschutzmittelgesetz und Pflanzenschutzmittelverordnung.

Dass unterschiedliche Bewilligungsregimes herrschen, macht sich beim Handel mit Schlupfwespen bemerkbar. In Deutschland sind nach Angaben des Julius-Kühne-Instituts von 2018 40 Arten im Handel. Das österreichische Pflanzenschutzmittel-Register von 2022 enthält 18 Arten und im schweizerischen Pflanzenschutzmittelverzeichnis von 2022 sind 22 Arten von Parasitoiden aufgeführt. Es handelt sich vorwiegend um Arten, die gegen pflanzensaftsaugende Insekten wie Blattläuse, Schmierläuse, Schildläuse und Weiße Fliegen in Gewächshäusern eingesetzt werden.

4 | ÖKOSYSTEMLEISTUNG

Die Biodiversität ist die zentrale Lebensgrundlage für den Menschen. Sie umfasst die Vielfalt von Lebensräumen, Arten und Genen sowie ihrer Wechselwirkungen. Die biologische Vielfalt ist zudem die Basis für die Funktionsfähigkeit der Ökosysteme. Diese erbringen zahlreiche Leistungen von hohem ökologischem, wirtschaftlichem und sozialem Wert. Der Wert der Natur sowie die Kosten ihres Verlusts werden mithilfe der «Ökosystemleistungen» erfasst (Buser et al. 2020). Bei den Bienen ist die Schätzung der Leistung eher einfach. Weltweit werden rund drei Viertel der landwirtschaftlichen Kulturen von Insekten bestäubt, mehrheitlich von Bienen. Diese Kulturen liefern einen Ertrag mit einem Wert von 235–580 Mrd. US-Dollar (Food and Agriculture Organization of the United Nations 2024). Der durch Insektenbestäubung erbrachte Ertrag wird in der Schweiz auf 205–479 Mio. Schweizer Franken geschätzt (Sutter et al. 2017). Für etwas mehr als die Hälfte dürften die Honigbienen verantwortlich sein (Charrière et al. 2018, Sutter et al. 2021). Dieser Wert darf aber nicht als Ökosystemleistung verbucht werden, da es sich bei den Honigbienen um Haustiere handelt. Immerhin reihen sich die Honigbienen aufgrund dieser Leistung als drittwichtigstes Haustier hinter Rindern und Schweinen ein. Knapp die andere Hälfte dagegen ist den übrigen Bestäubern, allen voran den Wildbienen, Fliegen, Wespen und Käfern, als echte Ökosystemleistung zuzuschreiben.

Zur Frage, welche Ökosystemleistungen die Schlupfwespen erbringen oder welchen finanziellen Wert Schlupfwespen haben, existieren keine Untersuchungen. Wir beginnen deshalb diese Betrachtungen mit einem Gedankenspiel: Man stelle sich vor, alle Bäume, Wiesen und Äcker seien grün, und dann lässt man eines Tages all jene Insekten frei, die natürlicherweise das vorhandene Grün fressen. Innert kürzester Zeit wäre alles kahl gefressen. Dass dieses Szenario nicht eintritt, verdanken wir den insektenfressenden Organismen. Im Wesentlichen sind dies Vögel, räuberische und parasitische Insekten und andere Gliederfüßer sowie Krankheitserreger. Schlupfwespen sind ein Teil davon. Im Verlauf der Evolution hat sich ein Gleichgewicht zwischen phytophagen Insekten und ihren Gegenspielern eingestellt. Dieses Gleichgewicht ist kein statisches, sondern ein dynamisches, das sich den wechselnden Umweltbedingungen rasch anpassen kann. Es verhindert, dass unter natürlichen Bedingungen größere Schadenereignisse vorkommen. Ausnahmen sind die seit biblischen Zeiten bekannten Schwärme der Wanderheuschrecken oder die vom Mittelalter bis in die Neuzeit dokumentierten Maikäferkalamitäten in Mitteleuropa. Letztere wurden aber jeweils nach 4–5 Generationen wieder von natürlichen Feinden unter Kontrolle gebracht.

Das Gleichgewicht zwischen Pflanzenfressern und ihren Antagonisten gilt grundsätzlich auch für landwirtschaftliche Nutzpflanzen, die schon seit Jahrhunderten oder mindestens seit Jahrzehnten vor Ort angebaut werden. In Mitteleuropa zum Beispiel sorgt der Antagonistenkomplex dafür, dass Getreideschädlinge eine untergeordnete Rolle spielen und nur selten bekämpft werden müssen. Auch hier sind Schlupfwespen ein Teil dieses regulierenden Antagonistenkomplexes. Es kann wohl festgestellt werden, in welchem Maße sie Schadinsekten parasitieren, doch lässt sich dieses Maß nicht in einen Mehrertrag umrechnen, oder anders ausgedrückt: zu welchen Ertragseinbußen ihr Fehlen führen würde. Jedoch sind Fälle dokumentiert, bei denen Schädlinge, die in ihrem angestammten Lebensraum kaum Probleme verursachen, in einem neuen Lebensraum große Schäden verursachen können. So wird die Orangerote Weizengallmücke *(Sitodiplosis mosellana)* in Mitteleuropa unter anderem von zahlreichen Parasitoiden unter Kontrolle gehalten und verursacht keine nennenswerten Schäden. Die Gallmücke wurde zu Beginn des 19. Jahrhunderts vermutlich von europäischen Auswanderern in Nordamerika eingeschleppt. Aber erst mit der Intensivierung des Weizenanbaus in Kanada entwickelte sie sich in der zweiten Hälfte des 20. Jahrhunderts wegen mangelnder anderer natürlicher Feinde zu einem bedeutenden Schädling. So verursachte sie im Jahre 1983 allein in der Provinz Saskatchewan einen geschätzten Schaden von 30 Mio. Kanadischen Dollar (Doane et al. 2001). Aus anderen Jahren und Provinzen sind keine Schadenschätzungen bekannt, doch dürfte diese kleine Mücke in Nordamerika Ertragsausfälle von grob geschätzt 50–100 Mio. Dollar jährlich verursacht haben. 1984 wurde erstmals *Macroglenes penetrans* als Parasitoid von *Sitodiplosis* in Saskatchewan nachgewiesen. Die Wespe nahm rasch an Bedeutung zu und erreichte in Jahr 1990 Parasitierungsraten von gut 30 %. Durch die Wirkung dieser Wespe konnten in diesem Jahr Insektizide im Wert von 250 Mio. Kanadischen Dollar eingespart werden, wie Olfert et al. (2009) errechneten.

Eine andere Herangehensweise zur Abschätzung von Ökosystemleistungen von Schlupfwespen würden Beispiele der klassischen biologischen Schädlingsbekämpfung bieten, doch fehlen meistens Angaben zu den erzielten Mehrerträgen. Eine Ausnahme bildet die Maniokschmierlaus, die von Südamerika nach Afrika und in den Mittleren Osten eingeschleppt wurde (siehe auch Abschnitt «Klassische biologische Bekämpfung»). Durch die Freilassung der Erzwespe *Apoanagyrus lopezi* (Encyrtidae) konnten die jährlichen Ertragsverluste im Durchschnitt der Jahre 1982–2013 um 250–2300 Mio. US-Dollar reduziert werden, je nachdem, ob die Berechnungen nur auf dem Ernteverlust oder zusätzlich noch in der Beschaffung und Verteilung von Ersatznahrung beruhen (Zeddies et al. 2001). Dieser Wert ist gleichzusetzen mit der Ökosystemleistung, die *A. lopezi* im Durchschnitt der genannten Jahre in Afrika erbrachte.

Diese beiden Beispiele zeigen einerseits, welchen Schaden ein Insekt anrichten kann, wenn es sich frei von spezifischen natürlichen Feinden entfalten kann, andererseits kann eine kleine Wespe einen Schädling kontrollieren, der das Potenzial hat, einen ganzen Kontinent an den Rand einer Hungersnot zu bringen. In der Regel ist es aber so, dass nicht einzelne Schlupfwespen eine Population von phytophagen Insekten kontrollieren, sondern sie wirken im Verband mit anderen Schlupfwespen, mit insektenfressenden Organismen und mit Krankheitserregern. Aus diesem Grund ist es kaum möglich, die Ökosystemleistung von Schlupfwespen zu quantifizieren. Es wird aber schwierig sein, die Behauptung zu widerlegen, dass Schlupfwespen in Bezug auf ihre

Leistung, die eine echte Ökosystemleistung ist, den Bienen mindestens ebenbürtig sind. Vergessen werden darf auch nicht, dass die allermeisten adulten Schlupfwespen sich von Pollen und Nektar ernähren und mit ihren Blütenbesuchen ebenfalls zur Bestäubung von Blüten beitragen. Bei all diesen Betrachtungen muss darauf hingewiesen werden, dass die schwindende Biodiversität das komplexe Gefüge innerhalb der Insektenwelt aus dem Gleichgewicht bringen kann (Widmer et al. 2021).

5 | Wo lassen sich Schlupfwespen beobachten?

Schlupfwespen lassen sich überall beobachten, nicht nur dort, wo ihre Wirte vorkommen. Häufig trifft man sie auf Blütenpflanzen an. Die meisten ausgewachsenen Schlupfwespen ernähren sich von Nektar und Pollen. Besonders beliebt, auch bei kleinsten Arten, sind Blüten mit leicht zugänglichen Nektarien, wie sie zum Beispiel Doldenblütler (Apiaceae oder Umbelliferae) bieten. Allerdings sieht man dort die Schlupfwespen nicht in Aktion, das heißt beim Parasitierungsvorgang. Wenn man Glück hat, kann man auf Blüten Paarungen beobachten. Wer Parasitierungsvorgänge beobachten möchte, wählt am besten Lebensräume, wo Schlupfwespen (und natürlich auch ihre Opfer) häufig sind und wo die Parasitierungsvorgänge einige Zeit in Anspruch nehmen. Ein paar solcher Lebensräume sind hier vorgestellt.

5.1 | Nisthilfen für Wildbienen

Wer die Möglichkeit hat, umfangreichere Nisthilfen für Bienen aufzustellen, als im Handel angeboten, dem sei dazu geraten. Sie sollten aus möglichst vielen Arten von hohlen Pflanzenstängeln mit Innendurchmessern von 2 bis 8 (10) mm bestückt werden. Geeignet sind Schilf-, Karden- und Bambusröhrchen. Dazu sollten markhaltige Pflanzenstängel (Holunder, Brombeerranken) angeboten werden sowie Hartholzstücke (Buche, Eiche) mit verschieden großen Bohrlöchern. Als Ergänzung kann morsches Holz dienen (Abb. unten). Wer bereits über eine derartige Nisthilfe verfügt, weiß, dass sich in wenigen Jahren ein reichhaltiges Ökosystem entwickeln kann.

Diese «Hotelanlage» bietet ein reichhaltiges Nistangebot: Sandfläche, Trockenmauer und eigentliches «Hotel» mit Pflanzenstängeln, Holzblöcken mit Bohrlöchern, Dachziegeln mit Schlupflöchern und morschem Holz.

Konventionelle Nisthilfe für Holz- und Stängelbrüter.

Rechte Seite:

Monosapygia clavicornis verlässt nach erfolgter Eiablage die Bruthöhle ihres Wirtes.

Chrysis ignita an einem Nesteingang.

Trichrysis cyanea (Blaue Goldwespe) prüft einen Nesteingang.

Die angebotenen Nisthilfen bieten zahlreichen Wildbienen Brutmöglichkeiten, wobei man sich bewusst sein muss, dass es sich dabei nicht um gefährdete Arten handelt. Neben Wildbienen nutzen auch manche Arten von Grab- und Wegwespen die angebotenen Nistmöglichkeiten. Sobald sich eine Wildbienenpopulation etabliert hat, stellen sich auch die ersten parasitischen Wespen ein. Das beinhaltet die zu den Stechimmen gehörenden Keulenwespen (Sapygidae), besonders die häufige Keulhornwespe *Monosapyga clavicornis* (Abb. links oben). Sie beobachtet das Treiben der Bienen und prüft immer wieder die Nesteingänge. Ist ein Nest für die Eiablage geeignet, schreitet sie rückwärtsgehend in die Bruthöhle, wo sie meist mehrere Eier in die im Entstehen begriffene Brutzelle legt. Nach einigen Sekunden erscheint sie wieder. Eine pollenbeladene Hinterleibspitze zeugt von einer erfolgten Eiablage (Abb. links oben). Nach wenigen Tagen, wenn die Brutzelle verschlossen ist, schlüpft die Keulenwespenlarve.

Als Erstes verzehrt sie das Bienenei und anschließend den für die Bienenlarve gesammelten Pollenvorrat – eine Lebensweise, die als Raubparasitismus oder Kleptoparasitismus bezeichnet wird. Ein vergleichbares Brutverhalten zeigen die ebenfalls zu den Stechimmen gehörenden Goldwespen (Chrysididae), die in Nestern von Wildbienen und von Grabwespen leben. Sie fallen durch ihre schillernden Farben auf, wobei Blau, Rot, Grün und Gelb dominieren (Abb. S. 205 links unten und rechts). Zu den Raubparasitoiden gehören auch die Gichtwespen, die im Abschnitt «Gasteruptiidae» behandelt sind.

Neben diesen drei Gruppen von Raubparasitoiden gibt es zahlreiche echte Parasitoide, deren Weibchen es auf die Bienenlarven abgesehen haben. Dazu gehören die Darwinwespen. Westrich (1990) erwähnt *Ephialtes*- und *Perithous*-Arten. Die abgebildete Art (Abb. links) wurde unter Vorbehalt der Gattung *Poemenia* zugeordnet. Die Abb. rechts zeigt *Xylophrurus augustus* beim Einstich in ein Schilfröhrchen. Die Art parasitiert bevorzugt Wildbienen der Gattung *Osmia*, verschmäht aber auch andere Wildbienen nicht, selbst Grabwespen können Opfer sein. Nach eigenen Beobachtungen sind beide Arten seltene Gäste an Wildbienenbehausungen.

Häufigere Gäste an den Nisthilfen für Bienen sind Erzwespen. Dazu gehört *Leucospis dorsigera* (Leucospidae) (Abb. S. 207 links oben). Sie ist an ihrer gelb-schwarzen Musterung und dem gerundeten Körperende leicht zu erkennen und konzentriert sich auf bewohnte Schilfröhrchen, auf denen sie langsam hin und her läuft, stets mit den Fühlern das Röhrchen abtastend. Hat sie eine erfolgversprechende Stelle gefunden, entrollt sie den über den Rücken gelegten Legebohrer und sticht durch das Röhrchen, um ein Ei an eine ausgewachsene Bienenlarve zu legen, die von der bald ausschlüpfenden Wespenlarve ausgesaugt wird. Brutröhren von Bienen in Holzblöcken sind besser vor *Leucospis* geschützt. Manche Versuche scheitern, den zugemörtelten Eingang zu durchstechen.

Ein mutmaßlicher Vertreter der Gattung *Poemenia* sticht die verschlossene Brutröhre einer Biene an.

Xylophrurus augustus durchsticht ein Schilfröhrchen.

Eine weitere Erzwespe ist eine *Eurytoma*-Art (Eurytomidae). Die schwarze, etwa 4 mm lange Wespe fällt durch ihre roten Augen auf, die beiden Geschlechtern eigen sind. Wie bei vielen Eurytomiden haben die Männchen buschige Fühler. Nach eigenen Beobachtungen erfolgen Eiablagen sowohl durch das Schilfröhrchen wie durch den Nestverschluss (Abb. rechts). Ein weiterer, nicht seltener Gast ist eine *Monodontomerus*-Art (Abb. links unten). Mit etwa 5 mm Körperlänge gehört sie zu den mittelgroßen Vertretern der Torymidae. Die Weibchen haben einen deutlich sichtbaren Legebohrer, der etwa ein Drittel bis halb so lang ist wie der Körper.

Leucospis dorsigera bei der Eiablage auf einem Schilfröhrchen.

Eurytoma sp. (rechts) bei der Eiablage durch das Schilfröhrchen.

Ein *Monodontomerus*-Weibchen.

Häufig sieht man im unmittelbaren Bereich von Bienennisthilfen winzig kleine Wespen suchend umherfliegen. Sie sehen aus wie fliegende Pünktchen. Von Zeit zu Zeit lassen sie sich auf einzelnen Elementen nieder. Bei einer knapp 2 mm langen Art dürfte es sich um *Lariophagus rufipes* (Pteromalidae) handeln (Abb. links). Über deren Beziehungen zu den Bewohnern der Bienenbehausungen ist nichts bekannt. Sehr wohl bekannt ist die bei Wildbienenzüchtern und -forschern gefürchtete, etwa 1 mm lange Erzwespe *Melittobia acasta* (Eulophidae). Die Weibchen können durch kleinste Öffnungen in die Brutzellen verschiedener Wildbienen eindringen oder sich dank der kräftigen Kiefer Zugang zu ihnen verschaffen. Sie haben einen sehr interessanten Lebenszyklus, der von Westrich (1990) folgendermaßen beschrieben wird: «Die unbegatteten Weibchen lassen sich entweder in einer Brutzelle von der Wirtsbiene einmauern oder nagen ein Loch in den Wirtskokon, begeben sich auf das Wirtstier (Larve, junge Puppe), lähmen es und legen darauf die Eier ab. (...) Aus den 10–36 Eiern entwickeln sich nur Männchen, die keinerlei Nahrung aufnehmen. Die Weibchen führen zu ihrer Ernährung den Legebohrer in den Körper des Wirtes ein, ziehen ihn dann wieder zurück und saugen die Flüssigkeit auf, die aus der Einstichstelle tritt. Nach der Begattung durch ihre eigenen Söhne legt das Weibchen im Laufe von drei Monaten über 3000 Eier. Die frisch geschlüpften *Melittobia*-Larven fressen den Wirt auf. Weit über hundert Tiere können sich zum Beispiel im Kokon einer Mauerbiene entwickeln. In Linienbruten nagen sich die Weibchen durch die Zwischenwände hindurch in Nachbarzellen und können so ganze Nester befallen. Pro Jahr können 6–8 Generationen erzeugt werden.» Die Abb. oben rechts zeigt, wie eine Attacke durch *Melittobia* aussehen könnte.

Eine Erzwespe, sehr wahrscheinlich *Lariophagus rufipes*, auf der Suche nach Wirten.

Die letzte Brutzelle eines Wildbienennestes im verlassenen Fraßgang eines Bockkäfers. Die Bewohnerin wurde von Larven eines unbekannten Parasitoiden getötet. Etwa so könnte auch das Resultat einer Attacke von *Melittobia* aussehen.

In den Nisthilfen für Wildbienen lassen sich nicht nur Bienen und ihre Antagonisten beobachten, sondern auch verschiedene Arten der zu den Stechimmen gehörenden Grabwespen. Neben den schlanken, Spinnen fangenden *Trypoxylon*-Arten (Abb. links oben) fällt der Stahlblaue Grillenjäger (*Isodontia mexicana*, Abb. links unten) auf. Hier wird noch auf zwei weitere, eher seltenere Gäste in Bienenhotels hingewiesen. Zum einen handelt es sich um eine Wegwespe, vermutlich *Deuteragenia variegata* (Abb. rechts oben). Der andere Gast ist eine *Ancistrocerus*-Art. Diese nistet sowohl in verlassenen Brutgängen von Bockkäfern wie auch in Pflanzenstängeln (Abb. rechts unten). Die abgebildete Art wählte ein Bambusröhrchen und legte zwei durch Erde abgetrennte Zellen an und verschloss das Nest mit Erde.

Trypoxylon figulus mit einer Spinne am Eingang zur Brutröhre.

Der Stahlblaue Grillenjäger trägt eine Südliche Eichenschrecke zur Brutröhre.

Die Wegwespe, vermutlich *Deuteragenia variegata*, verdichtet den Nesteingang mit der Abdomenspitze.

Ancistrocerus beim Verschließen des Nestes.

5.2| Totholz

Totholz bietet sich auf verschiedene Arten an, seien es abgestorbene Bäume oder Baumstrünke, gefällte Stämme oder zu Haufen aufgeschichtete Scheiter (Abb. unten). Alle diese genannten Totholztypen eignen sich für Insektenbeobachtungen, nach eigenen Erfahrungen sind die gelagerten Stämme und die Brennholzstapel am besten geeignet, besonders wenn sie aus verschiedenen Holzarten bestehen. Nicht nur auf der Sonnenseite lassen sich Wespen beobachten. Verschiedene Arten kleiner Parasitoide bevorzugen die Schattenseite der Stapel.

Bevor sich Parasitoide einfinden, muss das Totholz von Primärbesiedlern befallen werden. Dies sind verschiedene Arten von Borkenkäfern (Scolytinae), Bockkäfern (Cerambycidae) und Holzwespen (Siricidae). In altem Holz trifft man zudem oft auf die Bohrlöcher von Nagekäfern (*Anobium*-Arten, «Holzwürmer»).

Bei den Parasitoiden von Borkenkäfern lassen sich vom Eilegeverhalten her zwei Typen unterscheiden: Der eine, häufigere Typ parasitiert seine Opfer durch die Borke hindurch (Abb. S. 211 links beide und rechts unten), der andere Typ ist von schlanker Gestalt und dringt in die Brutgänge ein (Abb. S. 211 rechts oben). Die meisten Arten sind Larven- oder Puppenparasitoide; eine Art, die Pteromalide *Tomicobia*

Abgestorbene Fichte mit starkem Bockkäferbefall.

Brennholzstapel mit verschiedenen Holzarten und unterschiedlicher Lagerdauer. Viele Bilder dieses Buches entstanden an dieser Scheiterbeige.

seitneri, parasitiert ausgewachsene Käfer. Parasitoide von Borkenkäfern sind zusammen mit räuberischen Insekten und Krankheitserregern grundsätzlich in der Lage, Borkenkäferpopulationen unter Kontrolle zu halten. Eine Ausnahme mag der Buchdrucker sein, wobei seine Massenvermehrungen häufig durch äußere Einflüsse wie Sturmschäden oder Trockenheit ausgelöst werden, begünstigt durch Fichtenpflanzungen als Monokulturen.

Bockkäfer bevorzugen frisch gefälltes Holz. Auf Nadelholz sind *Rhagium*- und *Tetropium*-Arten häufig anzutreffen. Erstere leben als Larven unmittelbar unter der Borke und legen zur Verpuppung eine Art Nest an, das aus einem Ring von Holzspänen besteht. *Tetropium*-Larven bohren sich zur Verpuppung etwa 2 cm tief ins Holz und legen ihre Puppenwiege in einer rechtwinklig abzweigenden Nische an. Auf Buchenholz ist häufig der Wespenbock oder Echte Widderbock *(Clytus arietis)* anzutreffen. Das Weibchen legt seine Eier in Rindenritzen und Spalten. Die ausschlüpfende Larve lebt anfänglich unter

Coeloides bostrichorum parasitiert Borkenkäfer in Eschenholz.

Ein *Eurytoma*-Männchen (Eurytomidae) wirbt um ein Weibchen.

Eine nicht näher identifizierbare Schlupfwespe (Ichneumonoidea) ist im Begriff, rückwärts in das Bohrloch eines Borkenkäfers einzudringen.

Cheiropachus quadrum (Pteromalidae) bei der Eiablage.

der Rinde und bohrt sich später tiefer ins Holz. Der Wespenbock kann sich aber auch – wie zahlreiche andere Bockkäfer – in anderen Laubhölzern entwickeln.

Zu den imposantesten Feinden der Totholz bewohnenden Bockkäfer gehören *Dolichomitus imperator* und verwandte Arten. Sie fallen durch ihren extrem langen Legebohrer auf, den sie in mühsamer Arbeit tief ins Holz einstechen, um dort die Käferlarve oder die Puppe zu parasitieren. Zwei Arten sind im Abschnitt «Darwinwespen» näher vorgestellt. Eine dritte Art der in Mitteleuropa rund 20 Arten umfassenden Gattung (Zwackhals 2010) ist oben links abgebildet. Sie ist im Begriff, ihren Legebohrer in

Verschiedene Darwinwespen auf Totholz.

Oben:

Eine *Dolichomitus*-Wespe sticht ihren Legebohrer in Eichenholz.

Zwei *Xorides*-Weibchen begegnen sich. Das Weibchen links mit eingebohrtem Legebohrer hebt drohend oder abwehrend die Flügel.

Unten:

Eine mutmaßliche *Rhimphoctona*-Wespe sticht in Fichtenholz.

Eine *Echthrus*-Art beim Einstich in Fichtenholz.

Eine *Echthrus*-ähnliche Wespe sticht in einem Holunderzweig einen unbekannten Wirt an.

Eichenholz einzustechen. Als wichtigster Parasitoid des Wespenbocks *(Clytis arietis)* gilt *Xorides praecatorius.* Mit etwas Glück kann man gleich mehrere Weibchen am gleichen Standort bei der Suche nach Opfern beobachten (Abb. S. 212 oben rechts). *Rhagium*-Arten gehören zu den häufigsten Bockkäfern in Mitteleuropa. Wenn man geschlagenes Fichtenholz absucht, ist die Wahrscheinlichkeit groß, auf einen Parasitoiden dieser Insekten zu stoßen. Ob allerdings die verschiedenen abgebildeten Arten (Abb. S. 212 unten links und unten Mitte), die in Fichtenholz einstechen, tatsächlich Zangenbocklarven oder -puppen parasitieren, ist unklar. Auch auf weniger verbreiteten Holzarten lassen sich Parasitoide bei ihrer Arbeit beobachten (Abb. S. 212 unten rechts).

Zu den Primärbesiedlern von trockenem Holz gehören verschiedene Nagekäfer (Ptinidae) wie der Gewöhnliche Nagekäfer *(Anobium punctatum)* oder der Gekämmte Nagekäfer *(Ptilinus pectinicornis).* Sie haben eine sehr ähnliche Lebensweise. Die Weibchen legen die Eier in Holzritzen. Die ausschlüpfenden Larven bohren sich ins Holz. Ihre Bohrtätigkeit erkennt man am herausrieselnden Bohrmehl (Abb. unten). Die Entwicklung zum erwachsenen

Ein Brackwespenweibchen aus der Verwandtschaft von *Spathius exarator* auf der Suche nach einem Wirt.

Zwei Brackwespenmännchen aus dem gleichen Artenkomplex warten auf Weibchen. Aus dem Loch in der linken unteren Ecke rieselt Bohrmehl.

Käfer dauert je nach Bedingungen ein Jahr oder mehrere Jahre. Die ausgewachsenen Käfer bohren sich ein Loch an die Oberfläche. Diese Löcher haben je nach Käferart einen Durchmesser von 1 bis 3 mm. Nagekäfer können auch verbautes Holz befallen und zu Schädlingen werden. Zu ihren wichtigsten Feinden gehören Brackwespen (Braconidae) aus der Verwandtschaft von *Spathius exarator*. Die düster gefärbten Wespen sind schlank und 5–9 mm lang (Abb. S. 213 oben). Bei den Weibchen fällt der dünne, körperlange Legebohrer auf. Sie leben als Ektoparasitoide bei verschiedenen Nagekäfern und anderen holzbewohnenden Käfern. *Spathius exarator* wird kommerziell gezüchtet und zur biologischen Bekämpfung des Gewöhnlichen Nagekäfers *(Anobium punctatum)* eingesetzt.

Die im Holz lebenden Insekten, ob Primärbesiedler oder deren Parasitoide, müssen ins Freie gelangen, um ihren Lebenszweck erfüllen zu können. Dabei entstehen je nach Insektenart kleinere oder größere Löcher im Holz. Diese Bohrgänge wiederum werden gerne von verschiedenen Arten von Grabwespen, Töpferwespen der Gattung *Ancistrocerus* (Abb. oben rechts) und Wildbienen als Brutröhren benutzt. Und wie könnte es anders sein: Auch ihre Bruten werden wiederum zu Opfern von Parasitoiden. Zum einen handelt es sich um echte Parasitoide, die Larven oder Puppen der «Höhlenbewohner» attackieren, zum anderen um Kleptoparasitoide, die sich in erster Linie von Nahrungsvorräten ihrer Wirte ernähren, nicht ohne vorher das Ei oder die Junglarve des rechtmäßigen Besitzers getötet zu haben (Abb. S. 215 unten).

Linke Seite oben:

Die Goldwespe *Chrysis indigotea* beim Verlassen einer Brutröhre.

Eine *Ancistrocerus*-Art trägt eine Raupe ins Nest.

Linke Seite unten:

Eine Darwinwespe, wahrscheinlich der Gattung *Liotryphon*, prüft eine Brutröhre.

Die Darwinwespe *Stenarella domator* bei der Eiablage in die Brutröhre einer solitären Faltenwespe der Gattung *Ancistrocerus* oder *Symmorphus*.

Nest einer Wildbiene mit drei ausgewachsenen Larven.

Das gleiche Nest einige Tage später. Aus den Bienenlarven sind Dutzende kleiner Parasitoidenlarven geschlüpft.

Die Larve eines Kleptoparasitoiden überwältigt die Bienenlarve.

Goldwespen (Abb. S. 214 oben links) parasitieren sowohl Grabwespen wie Wildbienen. Ansonsten sind eher Wildbienen das Opfer von Parasitoiden. Es handelt sich dabei oft um die gleichen oder um verwandte Arten, die auch an Nisthilfen für Wildbienen anzutreffen sind. Neben den Gichtwespen *Gasteruption jaculator* und *G. erythrostomum* (Gasteruptiidae) gehören Keulenwespen (Sapygidae) zu den häufigsten «Gästen». Erstere sind bei der entsprechenden Familie ausführlich beschrieben. Dies gilt auch für die Erzwespe *Leucospis dorsigera* (Leucospidae). Nur wenige Arten von Darwinwespen sind bekannt, die in Totholz brütende Bienen parasitieren. Es handelt sich dabei um relativ große, schlanke Wespen mit einem langen Legebohrer (Abb. S. 214 unten).

Manche Wildbienen legen ihre Nester in verlassenen Brutgängen von Bockkäfern unter der Borke von Eichen, Kiefern oder Fichten an. Oft ist die Rinde recht lose, lässt sich anheben und erlaubt einen Blick ins Bienennest. Dass man dabei auf den Nachwuchs der Bienen stößt, ist nichts Ungewöhnliches. Es kann aber vorkommen, dass man dabei Zeuge eines eigentümlichen «Stoffwechsels» wird: Die ausgewachsenen Bienenlarven haben sich über Nacht zu einem Durcheinander von millimetergroßen Parasitoidenlarven «verwandelt» (Abb. oben und Mitte). Es handelt sich dabei um nicht näher bestimmte Erzwespen.

5.3| Blütenknospen von Disteln und ihren Verwandten

Verschiedene Gattungen der Korbblütler (Asteraceae) werden umgangssprachlich als Disteln bezeichnet. Es handelt sich vorwiegend um kräftige, auffallende Pflanzen mit großen, meist violetten Blüten. Manche dieser Gattungen sind durch Stacheln an Stängeln, Blättern und Blüten gekennzeichnet. Viele Arten sind Pionierpflanzen und gedeihen an unwirtlichen Stellen, Konflikte mit menschlichen Interessen sind deshalb selten und beschränken sich auf die Acker-Kratzdistel *(Cirsium arvense).* Die meisten Disteln erfreuen Naturfreunde und Wanderer mit ihren farbenprächtigen Blüten. Auch auf unzählige Schmetterlinge, Hummeln und andere Insekten üben die Blüten dank eines reichhaltigen Pollen- und Nektarangebotes eine magische Anziehungskraft aus.

Was uns hier interessiert, findet schon vor dem Öffnen der Blütenknospen und größtenteils im Verborgenen statt. Die recht großen Knospen haben nicht nur einen fleischigen Boden (wir Menschen kennen vor allem den als Delikatesse geschätzten Blütenboden der Artischocken), sondern auch unzählige Samenanlagen. Diese nahrhaften Pflanzenteile wissen zahlreiche Insekten zu nutzen, allen voran Bohrfliegen (Diptera: Tephritidae), Rüsselkäfer (Coleoptera: Curculionidae), Kleinschmetterlinge (Lepidoptera) und Gallmücken (Diptera: Cecidomyiidae).

Praktisch jede Distelart hat ihre spezielle Bohrfliege. Sie unterscheiden sich von den meisten Fliegen durch ihre Farbigkeit und die schwarz- oder grau-weiß gefleckten Flügel. Bei der Gewöhnlichen Kratzdistel (*Cirsium vulgare*, Abb. links) ist es die Bohrfliege *Urophora stylata* (Abb. rechts). Ihre Weibchen haben einen stilettartig verlängerten Legebohrer,

Blick auf einen Bestand Gewöhnlicher Kratzdisteln. Wahrscheinlich sind nur die violetten Blüten nicht von Insekten befallen.

Die Bohrfliege *Urophora stylata* bei der Eiablage.

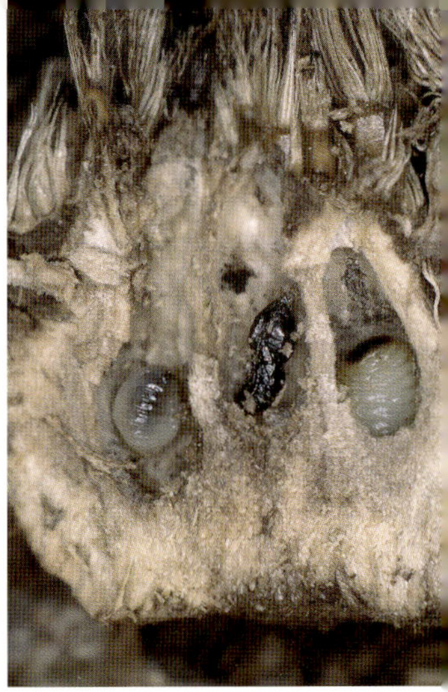

der es ihnen erlaubt, durch die dichten Stacheln hindurch mehrere Eier in die Knospen abzulegen. Die ausschlüpfenden Larven bohren sich in den Blütenboden ein. Dieser reagiert mit der Bildung einer Galle, die nach und nach die Larven umschließt mit Ausnahme einer Öffnung ins Blüteninnere (Abb. rechts). Je nach Knospengröße können sich bis zu sechs oder gar mehr Fliegenlarven in einer Blüte entwickeln (Zwölfer 1986). In den im Herbst verholzenden Gallen überwintern die ausgewachsenen Larven. Verpuppung und Schlüpfen der Fliegen erfolgen im nächsten Jahr.

Wer das als einen bestens geschützten Lebensraum betrachtet, unterschätzt die Anpassungsfähigkeit von Parasitoiden. Es sind vor allem drei Gruppen von Erzwespen, die sich auf Distelbohrfliegen spezialisiert haben: *Pteromalus*-, *Eurytoma*- und *Torymus*-Arten. Die schwarzen *Eurytoma*-Wespen haben einen schmalen Hinterleib, der es ihnen erlaubt, sich im dichten Stachelwald zu bewegen und einen passenden Ort zur Eiablage zu finden (Abb. Mitte). Bei Ackerdisteln und anderen Distelartigen mit kleinen Blüten stechen sie diese von der Seite her an. Die ausschlüpfende Larve frisst als solitärer Endoparasitoid die Fliegenlarve. Sie verpuppt sich noch im Herbst in der geschützten Gallenkammer ihres Wirtes und schlüpft im nächsten Frühling. Die metallisch grün bis kupfrig glänzende *Torymus chloromerus* hat einen beinahe körperlangen Legebohrer. Trotzdem muss auch sie durch die Stacheln manövrieren, um einen geeigneten Eiablageplatz zu finden. Bei der Eiablage lähmt sie die ausgewachsene Fliegenlarve, sodass die ausschlüpfende Wespenlarve sie ohne Probleme aussaugen kann.

Nach englischen Angaben (Redfern 1983) leben die Raupen von mindestens vier Schmetterlingsarten in den Blütenköpfen von echten Disteln (*Cirsium*-Arten). Die Weibchen legen die Eier an der Außenseite der Knospen ab. Die ausschlüpfenden Räupchen bohren sich ins Innere und ernähren sich vor allem von den nahrhaften Samen. Ähnlich gehen Rüsselkäfer der Gattung *Larinus* vor. Die Weibchen fressen seitlich ein Loch in die Knospe und legen Eier ins Knospeninnere. Ihre Larven bevorzugen ebenfalls die Samen. Diese

Pteromalus elevatus bei der Eiablage.

Eine *Eurytoma*-Art bei der Eiablage in eine Ackerdistelknospe.

In der verholzten Galle der Kratzdistel überwintern zwei Bohrfliegenlarven und in der Mitte die Puppe eines Parasitoiden.

beiden Gruppen locken wiederum spezialisierte Parasitoide an, bei denen es sich vorwiegend um Brackwespen handelt. Auffallend ist die schlanke, rotbeinige *Macrocentrus*-Wespe (Abb. Mitte). Sie sucht ihre Opfer in leicht geöffneten Blüten. Zur Eiablage durchsticht sie mit ihrem körperlangen Legebohrer die Blütenanlage der Länge nach. Die Wespe ist sehr scheu und schwierig zu beobachten. Weniger scheu verhalten sich *Bracon*-Wespen (Brackwespen), die durch ihren gelben bis orangefarbenen Hinterleib und die dunklen Flügel auffallen (Abb. links). Sie stechen die Blüten seitlich an, um an ihre Opfer zu gelangen. Bei diesen Brackwespen ist nicht klar, ob sie Schmetterlingsraupen oder Rüsselkäferlarven parasitieren.

Sehr häufige Bewohner von Distelblütenköpfen sind Gallmücken. Es handelt sich um Arten, die sich einerseits von Pflanzengewebe ernähren, andererseits aber auch von Kot und Nahrungsresten von Mitbewohnern. Wie nicht anders zu erwarten, haben auch sie ihre Feinde. Es sind vorwiegend Arten aus der Familie Platygastridae. Dabei fällt eine *Inostemma*-Art auf. In ihr «Horn» auf dem Rücken kann sie ihren gut körperlangen Legebohrer in Ruhelage zurückziehen (Abb. rechts).

Obwohl an Disteln und ihren Verwandten noch zahlreiche weitere Insekten leben, sind die Blütenköpfe von besonderem Interesse. Sie stellen ein eigenes Mikro-Ökosystem mit zahlreichen Akteuren dar. Wenn man größere Bestände von Disteln in Ödland aufsucht, wird man kaum enttäuscht werden. Der eine oder andere Akteur ist bestimmt anwesend und seien es auch nur Männchen von Distelfliegen, die einzelne Knospen als ihr Territorium betrachten und gegen andere Männchen verteidigen in der Hoffnung, dass ein paarungs- und eiablagewilliges Weibchen vorbeikommt.

Eine *Bracon*-Wespe bei der Eiablage in die Knospe einer Ackerdistel.

Eine Braconide aus der Gattung *Macrocentrus* durchsticht der Länge nach eine Blüte der Kratzdistel.

Die nur 1,5 mm lange *Inostemma*-Wespe ist eine von zahlreichen Platygastriden, die Gallmücken im Innern von Distelknospen parasitiert.

5.4 | Brennnesselbestände

Brennnesseln *(Urtica dioica)* seien nicht nur schmackhaft, sondern auch gesund. So besagen es zahlreiche Rezepte für Brennnesselgerichte und noch mehr Rezepte für ihre Anwendung in der Volksmedizin, sei es gegen Nierenstein, Blasenleiden, Magenbeschwerden, Entzündungen, Hautausschläge, Juckreiz und Husten, ja selbst gegen Haarausfall. Was für die Menschen gut ist, dürfte auch für Tiere gut sein. Dies könnte der Grund gewesen sein, warum sich Brennnesseln mit schmerzhaften Giftwaffen gegen eine übermäßige Nutzung zu schützen versuchten – mit einigem Erfolg, was größere Tiere anbelangt. Bei den kleineren, insbesondere bei den Insekten, bleibt diese Abschreckwirkung versagt. Vielmehr ist das Gegenteil der Fall.

Brennnesseln bieten Lebensraum für über 100 Insektenarten, allerdings ernährt sich nur rund ein knappes Drittel von ihnen. Für England führt Davis (1983) 31 Arten auf, die ausschließlich von Brennnesseln leben. Es handelt sich dabei vorwiegend um Rüsselkäfer, Minierfliegen und Schmetterlinge. Die restlichen zwei Drittel leben von den Brennnesselfressern, entweder als Räuber oder als Parasitoide. Brennnesselbestände sind daher hervorragend geeignet, Zusammenhänge zwischen Phytophagen und Entomophagen zu beobachten.

Die bekanntesten Brennnesselfresser sind die Raupen des Kleinen Fuchses *(Aglais urticae)* und des Tagpfauenauges *(Aglais io)*. Beide leben anfänglich gesellig in Kolonien, erst die älteren Raupenstadien leben einzeln. Letzteres gilt für weitere Schmetterlingsarten wie das Landkärtchen, den Admiral oder den in Blattröhren lebenden Brennnesselzünsler. Weniger auffallend sind die düster gefärbten Rüsselkäfer (Curculionidae), deren Larven an den Wurzeln oder im Stängelinnern leben. Im Stängelinnern oder in den Blättern leben minierende Fliegenarten. Die Gallen von Gallmücken finden sich sowohl an den Blättern wie am Stängel oder auch an den Blüten. An den Blättern, vorwiegend aber an den Stängeln leben zahlreiche Arten von Pflanzensaftsaugern: Wanzen (Heteroptera), Kleinzikaden (Cicadellidae), Blattflöhe (Psyllidae) und Blattläuse (Aphididae). Die drei Letzten ernähren sich ausschließlich von Pflanzensaft. Die zahlenmäßig größte Gruppe, zumindest in den Vorsommermonaten, stellen die Blattläuse dar. Die seltenere Kleine Brennnesselblattlaus *(Aphis urticata)* ist dunkelgrün und lebt in dichten Kolonien an den Stängeln, während die häufigere Große Brennnesselblattlaus *(Microlophium carnosum)* lockere, auf Stängel und Blätter verteilte Kolonien bildet.

Beginnen wir unsere Beobachtungen gleich bei den Blattläusen: Dank Parthenogenese und Viviparie (lebendgebärende Fortpflanzung) sind sie ungeheuer vermehrungsfähig. Nach etwa 10 Tagen sind sie erwachsen und beginnen ihrerseits, sich fortzupflanzen. Innerhalb Monatsfrist können sich Blattläuse dadurch rein rechnerisch um etwa das 10 000-Fache vermehren. Die praktisch wehrlosen Blattläuse sind Nahrungsquelle für eine große Zahl von spezialisierten wie auch von nicht spezialisierten

Eine Blattlauswespe (Braconidae) sticht ein Ei in eine Große Brennnesselblattlaus.

Diese Kolonie der Kleinen Brennnesselblattlaus wird von Honigtau naschenden Ameisen besucht. Sie beachten weder die Blattlauswespen noch die blattlausfressende, wachsbedeckte Marienkäferlarve.

Entomophagen. Zu Ersteren gehören die Blattlauswespen (Aphidiinae, Braconidae, Abb. links), Marienkäfer (Coccinellidae), Schwebfliegen (Syrphidae) und die Gallmücke *Aphidoletes aphidimyza* (Cecidomyiidae). Diese wiederum stellen die Nahrungsgrundlage für eine weitere Zahl von räuberischen und parasitischen Insekten dar. So werden zum Beispiel allein die Larven und Puppen von Schwebfliegen von etwa zehn Arten von Parasitoiden als Wirte genutzt. Wie bereits bei der Darstellung der Blattlauswespen (Aphidiinae, siehe Braconidae, Abschnitt 2.21) erwähnt, leben über 400 Arten ausschließlich von Blattläusen. Die Blattlauswespen wiederum dienen als Nahrung für einige Arten von Hyperparasitoiden aus den Familien Figitidae (Abb. S. 221 oben), Pteromalidae und Ceraphronidae. Im Gegensatz zur Großen Brennnesselblattlaus wird die kleinere Verwandte häufig von Ameisen besucht. Bei ihr lässt sich beobachten, wie sich Blattlauswespen der chemischen Mimikry bedienen und Blattläuse parasitieren, ohne von den Ameisen vertrieben zu werden. Auch die von Wachsausscheidungen bedeckten Marienkäferlarven haben von den Ameisen nichts zu befürchten (Abb. rechts).

Die Weibchen der auf Brennnessel häufigen Blattflohart *Trioza urticae* (Psyllidae) legen ihre Eier an den Stängel ihrer Wirtspflanze. Die ausschlüpfenden Junglarven sind beweglich und suchen sich einen geeigneten Saugplatz am Stängel. Die folgenden Larvenstadien sind sesshaft und sehen ähnlich aus wie Schildläuse. Auch sie werden von einigen Parasitoidenarten attackiert, wie zum Beispiel von *Syrphophagus ariantes* (Encyrtidae, Abb. S. 221 unten links) oder von *Tamarixia pronomus* (Eulophidae, Abb. S. 221 rechts oben). Beide parasitieren ältere Larven und werden ihrerseits von *Alloxysta* sp. (Figitidae) parasitiert (Abb. S. 221 rechts unten).

Eine *Alloxysta*-Wespe (Figitidae) parasitiert die Larve einer Blattlauswespe im Innern einer Großen Brennnesselblattlaus.

Syrphophagus ariantes (Encyrtidae) bei der Eiablage in eine Blattflohlarve.

Tamarixia pronomus (Eulophidae) bei der Eiablage in eine Blattflohlarve.

Eine *Alloxysta*-Wespe (Figitidae) bei der Eiablage in eine Parasitoidenlarve im Innern des Blattflohs.

Die Gallmücke *Dasineura urticae* ist auf Brennnesseln spezialisiert. Sie legt ihre Eier an Stängel und Blüten, bevorzugt aber an Blätter. Am Ort der Eiablage bildet die Pflanze eine Wucherung, eine sogenannte Galle. In ihr entwickeln sich die Gallmückenlarven. Eine Galle enthält in der Regel eine oder zwei Larven, gelegentlich auch mehr. Wie die meisten Gallenbildner sind sie beliebte Opfer von Parasitoiden, besonders von Vertretern der Platygastridae (Abb. links) und der Torymidae (Abb. rechts). Erstere stechen ihre mikroskopisch kleinen Eier in die Eier der Gallmücke, Letztere können dank ihres langen Legebohrers die Larven im Galleninnern parasitieren.

Die auffälligsten Brennnesselbewohner sind ohne Zweifel die Raupen des Kleinen Fuchses und jene des Tagpfauenauges. In größeren und besonnten Brennnesselbeständen treten sie regelmäßig auf, meist in größerer Zahl. Es überrascht deshalb nicht, dass sie ebenso regelmäßig von Parasitoiden heimgesucht werden. Es beginnt bereits bei den Eiern. Praktisch auf jedem Gelege finden sich Vertreter der Gattung *Trichogramma* (Trichogrammatidae, Abb. S. 223 oben links) und der Scelionidae. Weil die Weibchen der beiden Schmetterlingsarten ihre 50–200 Eier als Häufchen an der Blattunterseite ablegen, können nur die äußeren Eier parasitiert werden. So schlüpfen aus jedem Gelege immer noch zahlreiche Räupchen, aber nur, um weiteren Parasitoiden ausgesetzt zu sein. Oft findet man die Überreste von parasitierten jungen Räupchen, deren Verursacher wahrscheinlich eine Brackwespe ist (Abb. S. 223 oben rechts). Ältere Raupen sind nicht nur das Ziel von Darwinwespen (Abb. S. 223 unten links), sondern auch von parasitischen Fliegen (Tachinidae), und schließlich werden auch die Puppen attackiert. Dabei handelt es sich meistens um *Pteromalus puparum* (Pteromalidae). Doch die Raupen werden nicht nur von Parasitoiden angegriffen, sondern auch von Echten Wespen (Vespidae, Abb. S. 223 unten rechts). Diese füttern ihre Brut mit jenen Insekten, die sie gerade finden.

Synopeas rhanis (Platygastridae) belegt Eier der Brennnesselgallmücke.

Torymus confinis (Torymidae) durchsticht die Galle einer Brennnesselgallmücke, um die Larven im Innern zu parasitieren.

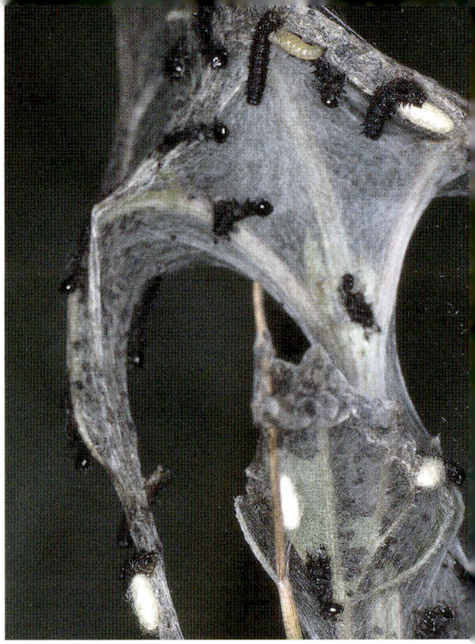

Oben:

Eine *Trichogramma*-Wespe parasitiert Eier des Tagpfauenauges.

Von Parasitoiden, wahrscheinlich Brackwespen, getötete Jungraupen des Kleinen Fuchses.

Unten:

Ichneumon cessator ist ein Parasitoid des Kleinen Fuchses.

Faltenwespen wie die abgebildete Haus-Feldwespe *(Polistes dominula)* sind Gelegenheitsräuber von Brennnesselraupen.

Der Brennnesselzünsler *(Anania hortulata)*, eine Schmetterlingsart, lebt als Raupe in eingerollten Brennnesselblättern und bevorzugt schattige Stellen. Die Art ist stellenweise häufig und trotz ihres versteckten Lebens fällt ein großer Teil der Populationen Parasitoiden zum Opfer (Abb. links).

Brennnesseln sind nicht nur ein interessantes Ökosystem, sondern auch für die Landwirtschaft von Bedeutung, was namentlich für die beiden Blattlausarten gilt. Die Kleine Brennnesselblattlaus *Aphis urticata* ist Wirt der Blattlauswespe *Lysiphlebus fabarum* (Braconidae). Diese Art ist der wichtigste Parasitoid der Schwarzen Bohnenblattlaus *Aphis fabae*. Noch größere Bedeutung hat die Große Brennnesselblattlaus *Microlophium carnosum*. Sie entwickelt sich schon recht früh im Frühling und baut rasch größere Kolonien auf, in denen sich wirtschaftlich wichtige Blattlausfeinde vermehren und später in die Ackerkulturen übersiedeln. Namentlich zu erwähnen sind die Blattlauswespe *Aphidius ervi*, der Siebenpunkt-Marienkäfer *(Coccinella septempunctata)* und der auf Blattläuse spezialisierte Pilz *Pandora neoaphidis* (Entomophthoraceae), der für seine todbringenden Seuchenzüge bei verschiedenen wirtschaftlich wichtigen Blattlausarten bekannt ist (Starý 1983, Keller 2006, Fournier et al. 2010) (Abb. rechts).

Zahlreiche ektoparasitoide Larven von *Macrocentrus cingulum* (Braconidae) an einer Raupe des Brennnesselzünslers.

Unterseite eines Brennnesselblattes mit einer Kolonie der Großen Brennnesselblattlaus und einigen ihrer Antagonisten. Sichtbar sind die glänzend braunen Blattlausmumien (von Blattlauswespen getötete Blattläuse), vom Pilz *Pandora neoaphidis* getötete Blattläuse (matt hellbraun) und blattlausfressende Gallmückenlarven. Am linken Bildrand ist eine Galle der Brennnesselgallmücke erkennbar.

5.5 | Eichen

Wer Gallwespen (Cynipidae) und ihre Parasitoide beobachten möchte, tut dies am besten bei Eichen. Rund 80 % der mitteleuropäischen Gallwespenarten entwickeln sich in Gallen an verschiedenen Organen von Eichen jeglichen Alters. Bereits an milden Wintertagen lassen sich erste Gallwespen bei der Eiablage in die noch fest verschlossenen Knospen beobachten (Abb. links). Bis sich die Knospen zu öffnen beginnen, folgen weitere Arten. Es handelt sich dabei mit Ausnahme von *Biorhiza pallida*, der Verursacherin der Schwammgallen, um verschiedene Vertreter der Gattung *Andricus*, die sich auf Fotos nur ausnahmsweise bestimmen lassen. Je nach Art entstehen in der Folge unterschiedlich geformte Knospengallen oder die Gallen bilden sich erst später an den sich entwickelnden Blättern oder Blüten. Aus diesen Gallen schlüpfen die Geschlechtstiere. Die verpaarten Weibchen der meisten Arten legen in der Folge ihre Eier auf der Blattunterseite ab, häufig an den größeren Nerven, wo sich wiederum artspezifische Gallen entwickeln (Abb. rechts). Die meisten Gallen lassen sich anhand der Abbildungen von Eady & Quinlan (1963) recht gut identifizieren.

Gallwespen und ihre Gallen bieten an sich schon reichlich Anschauungsmaterial, das durch die zahlreichen Parasitoiden und Inquilinen nochmals stark erweitert wird. So fand Askew (1961) in den Gallen der Schwammgallwespe *(Biorhiza pallida)* 17 Arten von

Gallwespe der Gattung *Andricus* bei der Eiablage in eine noch fest verschlossene Knospe.

Andricus curvator bei der Eiablage an der Basis eines jungen Blattes.

Parasitoiden, darunter auch Hyperparasitoide. Selbst aus den kleinen Gallen der Eichenlinsengallwespe *(Neuroterus quercusbaccarum)* und der Pfennig-Gallwespe *(Neuroterus numismalis)* zog er je 7 Arten von Parasitoiden. Die Gallen bilden einen eigentlichen Mikrokosmos mit dem Ergebnis, dass nur ein kleiner Prozentsatz der rechtmäßigen Gallenbewohner überlebt. Im Extremfall können es weniger als 10 % sein (Csóka et al. 2005).

Die Parasitoide erscheinen entweder schon kurz, nachdem ihre Wirte Eier gelegt haben, oder erst nach der Bildung von Gallen. Sie gehören verschiedenen Erzwespenfamilien an. Ohne Zweifel kommt es häufig vor, dass die gleiche Gallwespenart von verschiedenen Parasitoidenarten «heimgesucht» wird, was zwangsläufig zu Konkurrenzsituationen führt. Wer als Sieger hervorgeht, müsste in jedem einzelnen Fall abgeklärt werden. Sicher ist, dass nur ein einzelner Parasitoid überleben kann. Bei den Inquilinen (Eindringlingen) handelt es sich um Gallwespen der Gattung *Synergus* (Abb. Mitte und rechts). Diese haben die Fähigkeit zur Gallenbildung verloren und legen deshalb ihre Eier in junge Gallen. Für den rechtmäßigen Gallenbewohner endet dies meistens tödlich, doch gibt es auch Fälle von friedlicher Koexistenz, namentlich dann, wenn die Inquilinen sich in einer eigenen Gallenkammer entwickeln.

In Eichenknospen leben nicht nur Gallwespen, sondern auch Gallmücken. Wer Glück hat, kann einen Gallmücken-Parasitoiden aus der Gattung *Inostemma* (Platygastridae) bei der Eiablage in die noch fest verschlossene Eichenknospe beobachten (Abb. links). Gallmücken nisten sich häufig auch in den Randbereichen von Schwammgallen ein. Man trifft deshalb auf diesen Gallen nicht nur auf verschiedene Arten von Parasitoiden der Schwammgallwespe, sondern auch auf verschiedene Arten von Gallmücken-Parasitoiden, die wegen ihrer Winzigkeit gerne übersehen werden.

Eine *Inostemma*-Art (Platygastridae) belegt Gallmückeneier unter den Schuppen einer Eichenknospe.

Eine *Synergus*-Art belegt eine Galle einer *Andricus*-Art.

Eine *Synergus*-Art, die sich in Schwammgallen entwickelt.

6 | Glossar

Aculeata: Siehe Stechimmen.

Antagonisten: Gegenspieler.

Apocrita: Siehe Taillenwespen.

Arrhenotokie: Ein genetisches System mit diploiden Weibchen und haploiden Männchen.

Calyxdrüse: Eine Geschlechtsanhangsdrüse.

Chorion: Eihülle oder Eischale.

Cuticula: Haut der Insekten.

Endoparasitoid: Parasitoid, dessen Nachkommen sich im Innern des Wirtes entwickeln.

Endophyten: Pilze oder Bakterien, die im Innern von Pflanzen leben.

Endosymbionten: Bakterien, die in Zellen ihres Wirtes und mit ihm in Symbiose leben.

Entomologie: Insektenkunde.

Entomophag: Als Substantiv ist damit ein Insektenfresser gemeint, als Adjektiv steht der Begriff für den Verzehr von Insekten.

Ektoparasitoid: Parasitoid, dessen Nachkommen sich auf der Außenseite des Wirtes entwickeln.

Exuvie: Damit Insektenlarven wachsen können, müssen sie von Zeit zu Zeit ihre starre Haut (Außenskelett) wechseln. Die nach der Häutung zurückbleibende Haut wird als Exuvie bezeichnet.

Ganglien: Nervenknoten.

Gaster: Die hinteren an das Stielchen (Petiolus) angrenzenden Segmente des Abdomens von Taillenwespen.

Geißel: Alle Fühlerglieder ab dem Wendeglied.

Gregär: Gesellig. Im Falle von Parasitoiden heißt das, dass sich in oder an einem Wirtsinsekt mehrere Individuen entwickeln. Gegensatz: Solitär.

Hämolymphe: Körperflüssigkeit der Insekten, die meist farblos ist, auch als Insektenblut bezeichnet.

Hämozyten: Blutkörperchen.

Hemimetabol: Die Umwandlung vom Larvenstadium zum ausgewachsenen Insekt erfolgt kontinuierlich, also ohne Puppenstadium (Beispiele: Libellen, Heuschrecken, Wanzen).

Holometabol: Die Umwandlung vom Larvenstadium zum ausgewachsenen Insekt erfolgt über ein Puppenstadium (Beispiele: Hautflügler, Käfer, Schmetterlinge).

Host feeding: Auf Parasitoide bezogen bedeutet der Begriff Ernährung von Körperflüssigkeit des Wirtsinsekts. Dieses erleidet dadurch normalerweise den Tod.

Hyperparasitoid (Sekundärparasitoid): Parasitoid eines Primärparasitoiden.

Imagines: Ausgewachsene (adulte) Insekten.

Inquilinen: Eindringlinge oder Einmieter. Insekten, die in Behausungen (Bohrgänge, Gallen etc.) anderer Arten eindringen, ohne den Bewohner anzugreifen.

Kairomone: Botenstoffe, die Informationen zwischen verschiedenen Arten übertragen.

Klassierung: Im Falle von Insekten versteht man darunter die Zuordnung zu einzelnen Klassen, beispielsweise zu Familien oder Gattungen.

Klassifizierung: Bildung von Klassengrenzen innerhalb eines Systems, bei den Insekten zum Beispiel die Abgrenzung von Ordnungen, Familien oder Gattungen.

Legimmen: Siehe Schlupfwespen.

Mesosoma: Besteht aus der Brust und dem ersten Hinterleibssegment, das zum Propodeum umgeformt und mit der Brust verwachsen ist.

Metasoma: Besteht aus dem Stielchen und dem Gaster.

Nomenklatur: Bezeichnet die wissenschaftliche Benennung von Lebewesen.

Ovarien: Eierstöcke.

Ovariolen: Eischläuche. Ihre Gesamtheit bildet die Eierstöcke.

Parasitica: Siehe Schlupfwespen.

Parasit (Schmarotzer): Entwickelt sich auf Kosten anderer Individuen, ohne sie jedoch zu töten.

Parasitoid: Entwickelt sich in oder an einem Gliederfüßer, meistens ein Insekt, und tötet dabei den Wirt. Parasitoidenlarven benötigen für die Entwicklung in der Regel nur ein einzelnes Insekt, im Gegensatz zu Prädatoren.

Parthenogenese: Jungfernzeugung. Fortpflanzung ohne Paarung.

Petiolus: Stilartiger Teil des Körpers von Taillenwespen, der den Thorax mit dem Gaster verbindet und dem Träger große Beweglichkeit verleiht.

Pflanzenwespen (Symphyta): Der Name steht für alle Hautflügler, die noch keine Wespentaille entwickelt haben. Die meisten ernähren sich pflanzlich.

Pheromone: Duftstoffe, die der Kommunikation innerhalb einer Art dienen, zum Beispiel zur Anlockung eines Sexualpartners.

Phytophag: Als Substantiv ist damit ein Pflanzenfresser gemeint, als Adjektiv steht der Begriff für den Verzehr von Pflanzen. Die gleiche Bedeutung hat das Wort Herbivor.

Polyembryonie: Aus einem Ei entstehen durch mehrmalige Teilungen zahlreiche Eier. Dabei entstehen eineiige Mehrlinge.

Prädator (Räuber): Frisst andere Lebewesen und benötigt für seine Entwicklung mehrere Beutetiere.

-ptero (von griech. *pteron*): Flügel. Das Wort findet sich in den meisten Insektenordnungen, z. B. Hymenoptera (Hautflügler).

Pterostigma (Flügelmal): Es befindet sich bei den Wespen an der Vorderkante kurz nach der Mitte des Vorderflügels. Es ist von unterschiedlicher Größe und meistens braun oder schwarz.

Schlupfwespen (Legimmen, Parasitica, Terebrantes): Bei ihnen bilden im Gegensatz zu den Stechimmen der Geschlechtsapparat und der Stechapparat (Legebohrer mit oder ohne Giftdrüse) eine Einheit.

Solitär: Einzeln lebend. Bei Parasitoiden heißt das, dass sich in oder an einem Wirtsinsekt nur ein einzelnes Individuum entwickelt. Gegensatz: Gregär.

Sozial: Staatenbildend, wie es zum Beispiel Honigbienen und Ameisen sind.

Stechimmen (Aculeata): Bei ihnen ist im Gegensatz zu den Pflanzen- und Schlupfwespen der Geschlechtsapparat vollständig vom Stechapparat (Stachel und Giftdrüse) getrennt. Zu den Stechimmen gehören Gruppen wie die gut bekannten Bienen, Ameisen, Falten-, Weg-, Grab- und Goldwespen, aber auch einige unscheinbare Wespen mit parasitischer Lebensweise, wie die Zikadenwespen (Dryinidae).

Stigma: Atemöffnung.

Symbiose: Zusammenleben von zwei verschiedenen Organismen, bei dem beide Partner Vorteile haben.

Symphyta: Siehe Pflanzenwespen.

Systematik: Einordnung der Lebewesen in ein System.

Taillenwespen (Apocrita): Die Gruppe umfasst alle Hautflügler, welche sich durch eine Wespentaille auszeichnen.

Taxonomie: Sie erfasst Lebewesen systematisch und teilt sie in ein hierarchisches System ein, indem sie sie einer bestimmten Klasse zuordnet, beispielsweise einer Familie oder Gattung.

Thelytokie: Diploide Weibchen entwickeln sich aus unbefruchteten Eiern.

Terebrantes: Siehe Schlupfwespen.

Vivipar: Lebendgebärend.

Zytoplasmatische Inkompatibilität: Endosymbiotische Bakterien verhindern, dass aus der Befruchtung des Eis Nachkommen entstehen.

7 | Literaturverzeichnis

Im Literaturverzeichnis sind auch einige wichtige Werke über Parasitoide oder Hautflügler allgemein enthalten, die im Text nicht zitiert wurden, jedoch unbedingt der Erwähnung bedürfen. Die betreffenden Publikationen sind mit einem * versehen.

Aebi A, Zindel R (2013): Symbionten und Arthropoden: Welche Rolle spielen sie in der biologischen Schädlingsbekämpfung? Agrarforschung Schweiz 4: 68–73.

Affolter F (1990): Étude structurelle et dynamique du complexe d'hymenoptères parasitoides s'attaquent aux cécidomyies des céreales *Sitodiplosis mosellana* (Géhin) et *Contarinia tritici* (Kirby) (Diptera: Cecidomyiidae). PhD Thesis. Université de Neuchâtel, 178 pp.

Albrecht M, Kleijn D, Williams NM, Tschumi M, ..., Sutter L (2020): The effectiveness of flower strips and hedgerows on pest control, pollination services and crop yield: a quantitative synthesis. Ecology Letters 23: 1488–1498.

Askew RR (1961): On the biology of inhabitants of oak galls of Cynipidae (Hymenoptera) in Britain. Transactions of the Society for British Entomology 14: 237–268.

*Askew RR (1971): Parasitic Insects. Heinemann Educational Books, London, 316 pp.

Barbosa P, Gross P, Kemper J (1991): Influence of plant allelochemicals on the Tobacco Hornworm and its parasitoid, *Cotesia congregata*. Ecology 72: 1567–1575.

Baur H (2016): Erzwespen – Artenvielfalt im Dunkeln. Bündnerwald 69: 40–43. https://doi.org/10.5281/zenodo.3964321

Baur H, Amiet F (2000): Die Leucospidae (Hymenoptera Chalcidoidea) der Schweiz, mit einem Bestimmungsschlüssel und Daten zu den europäischen Arten. Revue suisse de Zoologie 107: 359–388.

Baur H, Klopfstein S (2007): Schlupfwespen der Schweiz – Systematik, Biologie, Diversität, Bestimmung. 103 pp. https://doi.org/10.5281/zenodo.13356261

Baur H, Neumann M (2024): Interactive key to Central European parasitic wasps (Hymenoptera: Parasitica). https://doi.org/10.5281/zenodo.13362996

Baur H, Ungricht S (2019a): Insekten – noch viel artenreicher als gedacht! Hotspot 2019/40: 7, 32.

Baur H, Ungricht S (2019b): Schätzung der Anzahl Insektenarten in der Schweiz. https://doi.org/10.5281/zenodo.3431118

Belokobylskij SA, Taeger A, Achterberg C van, Haeselbarth E, Riedel M (2003): Checklist of the Braconidae of Germany (Hymenoptera). Beiträge zur Entomologie = Contributions to Entomology 53: 341–435.

*Bendel-Janssen M (1977): Zur Biologie, Ökologie und Ethologie der Chalcidoidea (Hym.). Mitteilungen aus der Biologischen Bundesanstalt für Land- und Forstwirtschaft Berlin-Dahlem. Parey [in Komm.], Berlin 176: 1–163. https://doi.org/10.5073/20210624-100811

Bennett AMR, Sheffield CS, deWaard JR (2019): Hymenoptera of Canada. Zookeys 819: 311–360.

van Bergeijk KE, Bigler F, Kaashoek NK, Pak GA (1989): Changes in host acceptance and host suitability as an effect of rearing *Trichogramma maidis* on a factitious host. Entomologia Experimentalis et Applicata 52: 229–238.

Berger J, Jönsson M, Hedlund K, Anderson P (2015): Niche separation of pollen beetle parasitoids. Frontiers in Ecology and Evolution 3:45.

Bézier A, Annaheim M, Herbinière J, Wetterwald C, ..., Drezen J-M (2009): Polydnaviruses of braconid wasps derive from an ancestral nudivirus. Science 323: 926–930.

Bigler F (1986): Mass production of *Trichogramma maidis* Pint. et Voeg. and its field application against *Ostrinia nubilalis* Hbn. in Switzerland. Journal of Applied Entomology 101: 23–29.

Bigler F, Keller S (1987): Biologische Schädlingsbekämpfung in der Schweiz – gegenwärtiger Stand, Möglichkeiten und Entwicklungstendenzen. Mitteilungen für die schweizerische Landwirtschaft 35: 43–55.

Blaimer BB, Santos BF, Cruaud A, Gates MW, ..., Buffington ML (2023): Key innovations and the diversification of Hymenoptera. Nature Communications 14: 1212.

Boller EF, Russ K, Vallo V, Bush GL (1976): Incompatible races of European Cherry Fruit Fly, *Rhagoletis cerasi* (Diptera: Tephritidae), their origin and potential use in biological control. Entomologia Experimentalis et Applicata 20: 237–247.

Broad G, Livermore L (2014): Checklist of British and Irish Hymenoptera – Ceraphronoidea. Biodiversity Data Journal 2: e1167.

Broad GR, Shaw MR, Fitton MG (2018): Ichneumonid wasps (Hymenoptera: Ichneumonidae): their classification and biology. Handbooks for the Identification of British Insects, vol. 7, part 12. Royal Entomological Society of London, St. Albans, 417 pp.

Brodeur J, McNeil JN (1994): Life history of the aphid hyperparasitoid *Asaphes vulgaris* Walker (Pteromalidae): Possible consequences on the efficacity of primary parasitoid *Aphidius nigripes* Ashmead (Aphidiidae). The Canadian Entomologist 126: 1493–1497.

Büchi R (2002): Mortality of pollen beetle (*Meligethes* spp.) larvae due to predators and parasitoids in rape fields and the effect of conservation strips. Agriculture, Ecosystems & Environment 90: 255–263.

Büchi R, Roos-Humbel S (1991): Nützlinge reduzieren die Zahl der Rapsschädlinge. Landwirtschaft Schweiz 4: 69–73.

Büchi R, Keller S (1994): Parasitierung der Kohlschoten-Gallmücke durch Nützlinge. Agrarforschung Schweiz 1: 401–402.

Buhl P, Broad G, Notton D (2016): Checklist of British and Irish Hymenoptera – Platygastroidea. Biodiversity Data Journal 4: e7991.

Burks R, Mitroiu M-D, Fusu L, Heraty JM, ..., Rasplus J-Y (2022): From hell's heart I stab at thee! A determined approach towards a monophyletic Pteromalidae and reclassification of Chalcidoidea (Hymenoptera). Journal of Hymenoptera Research 94: 13–88.

Buser B, Oleschewski R, Bade S, Odermatt B, ..., Capillo M (2020): Zukunft und Wert von Ökosystemleistungen in der Schweiz. Bundesamt für Umwelt (BAFU), Ittigen, 112 pp.

Caltagirone LE, Doutt RL (1989): The history of the vedalia beetle importation to California and its impact on the development of biological control. Annual Review of Entomology 34: 1–16.

Casas J (1989): Foraging behaviour of a leafminer parasitoid in the field. Ecological Entomology 14: 257–265.

Charrière J-D, Frese S, Herren P (2018): Bienenhaltung in der Schweiz. Zürich, 23 pp.

Chen H, Lahey Z, Talamas EJ, Valerio AA, ..., Johnson NF (2021): An integrated phylogenetic reassessment of the parasitoid superfamily Platygastroidea (Hymenoptera: Proctotrupomorpha) results in a revised familial classification. Systematic Entomology 46: 1088–1113.

Chiappini E, Salinas C (2002): *Anagrus* and *Oligosita*: Different strategies adopted to develop in the same host egg. In: Melika G, Thuróczy C (Eds), Parasitic wasps, evolution, systematics, biodiversity and biological control. Agroinform Kiadó & Nyomda Kft., Budapest, 261–271.

Cruaud A, Rasplus J-Y, Zhang J, Burks R, ..., Heraty JM (2024): The Chalcidoidea bush of life: evolutionary history of a massive radiation of minute wasps. Cladistics 40: 34–63.

Csóka G, Stone GN, Melika G (2005): Biology, ecology, and evolution of gall-inducing Cynipidae. In: Raman A, Schaefer CW, Withers TW (Eds), Biology, Ecology and evolution of gall-inducing arthropods. Science Publisher, Enfield (NH), USA, 573–642.

Davis BNK (1983): Insects on nettles. Naturalists' Handbooks 1. Cambridge University Press, 65 pp.

Dedeine F, Vavre F, Fleury F, Loppin B, Hochberg ME, Boulétreau M (2001): Removing symbiotic *Wolbachia* bacteria specifically inhibits oogenesis in a parasitic wasp. Proceedings of the National Academy of Sciences 98: 6247–6252.

Doane JF, Braun MP, Olfert OO, Affolter F, Carl K (2001): *Sitodiplosis mosellana* (Gehin), orange wheat blossom midge (Diptera: Cecidomyiidae). Biological Control Programs in Canada 1981–2000. CABI, Wallingford, 246–249.

Dorn S, Schumacher P, Abivardi C, Meyhöfer R (1999): Global and regional pest insects and their antagonists in orchards: spatial dynamics. Agriculture, Ecosystems & Environment 73: 111–118.

Eady RD, Quinlan J (1963): Hymenoptera, Cynipoidea. Keys to families and subfamilies and Cynipinae (including galls). Handbooks for the Identification of British Insects, vol. 8, part 1(a). Royal Entomological Society of London, 81 pp.

*Eaton ER (2024): Wespen – Unterschätzte Insekten mit erstaunlichen Fähigkeiten. Haupt Verlag, Bern, 256 pp.

Eggleton P, Gaston KJ (1990): «Parasitoid» species and assemblages: convenient definitions or misleading compromises? Oikos 59 (3): 417–421.

Eilenberg J, Bresciani J, Martin J (1987): *Entomophthora* species with *E. muscae*-like primary spores on two new insect orders, Coleoptera and Hymenoptera. Nordish Journal of Botany 7: 577–584.

Eilenberg J, Hajek A, Lomer C (2001): Suggestions for unifying the terminology in biological control. BIOCONTROL 46: 387–400.

Feicht E (2003): Erz- und Brackwespen. Landesanstalt für Wald und Forstwirtschaft (LWF) aktuell 38: 9–11.

Fischer S, Samietz J, Wäckers F, Dorn S (2001): Interaction of vibrational and visual cues in parasitoid host location. Journal of Comparative Physiology A 187: 785–791.

Forbes AA, Bagley RK, Beer MA, Hippee AC, Widmayer HA (2018): Quantifying the unquantifiable: why Hymenoptera, not Coleoptera, is the most speciose animal order. BMC Ecology 18: 21.

Forshage M, Bowdrey J, Broad G, Spooner B, Veen F van (2017): Checklist of British and Irish Hymenoptera – Cynipoidea. Biodiversity Data Journal 5: e8049.

Fournier A, Widmer F, Enkerli J (2010): Assessing winter-survival of *Pandora neoaphidis* in soil with bioassays and molecular approaches. Biological Control 54: 126–134.

Fritsche R, Geiler H, Sedlag U (1968): Angewandte Entomologie. Gustav Fischer Verlag, Stuttgart, 778 pp.

Gauld ID, Bolton B (Eds) (1988): The Hymenoptera. British Museum (Natural History); Oxford University Press, London; New York, 332 pp.

Giron D, Rivero A, Mandon N, Darrouzet E, Casas J (2002): The physiology of host feeding in parasitic wasps: implications for survival. Functional Ecology 16: 750–757.

Godfray HCJ (1994): Parasitoids – Behavorial and evolutionary ecology. Prinston University Press, New Jersey, 473 pp.

Goulet H, Huber JT (Eds) (1993): Hymenoptera of the world: an identification guide to families. Centre for Land and Biological Resources Research, Ottawa, Ontario, 668 pp.

Grimaldi D, Engel MS (2005): Evolution of the insects. Cambridge University Press, Cambridge, New York, 790 pp.

Gutierrez AP, Bosch RVD (1970): Studies on host selection and host specificity of the aphid hyperparasite *Charips victrix* (Hymenoptera: Cynipidae). 2. The bionomics of *Charips victrix*. Annals of the Entomological Society of America 63: 1355–1360.

Haas M, Baur H, Schweizer T, Monje J, ..., Krogmann L (2021): Tiny wasps, huge diversity – A review of German Pteromalidae with new generic and species records (Hymenoptera: Chalcidoidea). Biodiversity Data Journal 9: e77092. https://doi.org/10.3897/BDJ.9.e77092

Haeselbarth E (1989): Über einige Schlupfwespen (Hymenoptera) als Parasiten des Weizenhähnchens *Oulema lichenis* (Voet) (Coleoptera, Chrysomelidae) in Südbayern. Journal of Applied Entomology 107: 493–507.

Hågvar EB, Hofsvang T (1991): Aphid parasitoids (Hymenoptera, Aphidiidae): biology, host selection and use in biological control. Biocontrol News and Information 12: 13–42.

Häni F, Popow G, Reinhard H, Schwarz A, Voegeli U (2022): Pflanzenschutz im nachhaltigen Ackerbau. Edition-lmz AG, Zollikofen, 475 pp.

Härri SA, Krauss J, Müller CB (2008): Fungal endosymbionts of plants reduce lifespan of an aphid secondary parasitoid and influence host selection. Proceedings of the Royal Society B: Biological Sciences 275: 2627–2632.

Heimpel GE, Boer JG de (2008): Sex determination in the Hymenoptera. Annual Review of Entomology 53: 209–230.

Heraty JM, Woolley JB (Eds) (2025): Chalcidoidea of the World. CABI Publishing, Wallingford, UK.

Herren HR, Neuenschwander P (1991): Biological control of cassava pests in Africa. Annual Review of Entomology 36: 257–283.

Hörmann D (2016): Ergänzende Feststellungen zur Lebensweise der Ahorn-Gallwespe *Pediaspis aceris*. Mitteilungen der Zoologischen Gesellschaft Braunau 12: 124.

Hua L (1987): Auftreten und Parasitierung der Getreidehähnchen, *Oulema* spp. (Col., Chrysomelidae) in Mittelhessen 1986 und Versuche zur Zucht des Eiparasiten *Anaphes flavipes* (Förster) (Hym., Mymaridae). Anzeiger für Schädlingskunde, Pflanzenschutz, Umweltschutz 60: 41–44.

Jacobs W, Renner M (1974) Taschenlexikon zur Biologie der Insekten. Gustav Fischer Verlag, Stuttgart, 635 pp.

Kansy F-J, Zimmermann DO (2016): Trichogramma wird 40 und hat den Maiszünsler immer noch «zum Fressen gern». Landinfo 4, 2016: 35–38.

Keimer C (1998): Über Misserfolg zum Erfolg. UFA-Revue 1/98: 27.

Keller S (2006) *Entomophthorales* attacking aphids with a description of two new species. Sydowia 58: 38–74.

Keller S, Schweizer C (1994): Populationsdynamische Untersuchungen an der Erbsengallmücke *Contarinia pisi* Winn. (Dipt., Cecidomyiidae) und ihrer Parasitoide. Journal of Applied Entomology 118: 281–299.

Kenis M, Hurley BP, Hajek AE, Cock MJW (2017): Classical biological control of insect pests of trees: facts and figures. Biological Invasions 19: 3401–3417.

Klopfstein S, Riedel M, Schwarz M (2019): Checklist of ichneumonid parasitoid wasps in Switzerland (Hymenoptera, Ichneumonidae): 470 species new for the country and an appraisal of the alpine diversity. Alpine Entomology 3: 51–81.

König K, Krimmer E, Brose S, Gantert C, ..., Steidle JLM (2015): Does early learning drive ecological divergence during speciation processes in parasitoid wasps? Proceedings of the Royal Society B: Biological Sciences 282: 1–10.

Kumar P, Pandit SS, Steppuhn A, Baldwin IT (2014): Natural history-driven, plant-mediated RNAi-based study reveals CYP6B46's role in a nicotine-mediated antipredator herbivore defense. Proceedings of the National Academy of Sciences 111: 1245–1252.

Kutter H (1934): Weitere Untersuchungen über *Kakothrips robustus* Uzel und *Contarinia pisi* Winn., sowie deren Parasiten, insbesondere *Pirene graminea* Hal. Mitteilungen der Schweizerischen Entomologischen Gesellschaft 16: 1–82.

Laborius A (1971): Untersuchungen zur Abundanz des Kohlschotenrüsslers (*Ceutorhynchus assimilis* Payk.), der Kohlschotenmücke (*Dasyneura brassicae* Winn.) und deren Parasiten an verschiedenen Orten in Schleswig-Holstein. PhD Thesis. Universität Kiel, 75 pp.

Lepeco A, Barbosa DN, Melo GAR (2022): A remarkable new family of stinging wasps from the Cretaceous of Myanmar and China (Hymenoptera, Aculeata). Journal of Hymenoptera Research 94: 163–190.

Ma W-J, Schwander T (2017): Patterns and mechanisms in instances of endosymbiont-induced parthenogenesis. Journal of Evolutionary Biology 30: 868–888.

Mair MM, Ruther J (2019): Chemical ecology of the parasitoid wasp genus *Nasonia* (Hymenoptera, Pteromalidae). Frontiers in Ecology and Evolution 7.

*Marshall SA (2023): Hymenoptera – The natural history and diversity of wasps, bees, and ants. Firefly Books, Buffalo, New York, 638 pp.

Mathys G, Guignard E (1965): Étude de l'efficacité de *Prospaltella perniciosi* Tow. en suisse parasite du Pou de San-José. Entomophaga 10: 193–220.

Meyhöfer R, Casas J, Dorn S (1997): Vibration–mediated interactions in a host–parasitoid system. Proceedings of the Royal Society of London. Series B: Biological Sciences 264: 261–266.

Misof B, Liu S, Meusemann K, Peters RS, ..., Zhou X (2014): Phylogenomics resolves the timing and pattern of insect evolution. Science 346: 763–767.

Mithöfer A (2016): Chemische Signale bei Pflanzen-Herbivoren-Interaktionen. Rundgespräche Forum Ökologie 45: 39–48.

Möhl J (1985): Insektenpheromone: Biologie, Chemie, Anwendungsmöglichkeiten. Beiträge zur Entomologie = Contributions to Entomology 35: 181–215.

Müller J (2006): Lagererzwespe versagt gegen Holzwürmer. Der perfekte Schädlingsbekämpfer 10: 8–9.

van Noort S, Broad GR (2024): Wasps of the world – A guide to every family. Princeton University Press, Princeton and Oxford, 240 pp.

Olfert O, Doane JF, Braun MP (2003): Establishment of *Platygaster tuberosula*, an introduced parasitoid of the wheat midge, *Sitodiplosis mosellana*. The Canadian Entomologist 135: 303–308.

Olfert O, Elliott RH, Hartley S (2009): Non-native insects in agriculture: strategies to manage the economic and environmental impact of wheat midge, *Sitodiplosis mosellana*, in Saskatchewan. Biological Invasions 11: 127–133.

Olfert OO, Mukerji MK, Doane JF (1985): Relationship between infestation levels and yield loss caused by wheat midge, *Sitodiplosis mosellana* (Gehin) (Diptera: Cecidomyiidae), in spring wheat in Saskatchewan. The Canadian Entomologist 117: 593–598.

Peters RS, Meusemann K, Petersen M, Mayer C, ..., Misof B (2014): The evolutionary history of holometabolous insects inferred from transcriptome-based phylogeny and comprehensive morphological data. BMC Evolutionary Biology 14: 1–16.

Polilov AA (2012): The smallest insects evolve anucleate neurons. Arthropod Structure & Development 41 (1): 29–34.

Quicke DLJ (1997): Parasitic wasps. Chapman and Hall, London, 470 pp.

Quicke DLJ (2015): The braconid and ichneumonid parasitoid wasps: Biology, systematics, evolution and ecology. John Wiley & Sons, Oxford, 681 pp.

Redfern M (1983): Insects and thistles. Cambridge University Press, Cambridge, 64 pp.

Riedel M, Humala A, Schwarz M, Schnee H, Schmidt S (2021): Checklist of the Ichneumonidae of Germany (Insecta, Hymenoptera). Biodiversity Data Journal 9: e64267.

Ros-Farré P, Pujade-Villar J (2009): Revision of the genus *Callaspidia* Dahlbom, 1842 (Hym.: Figitidae: Aspicerinae). Zootaxa 2105: 1–31.

Sandlan K (1980): Host location by *Coccygomimus turionellae* (Hymenoptera: Ichneumonidae). Entomologia Experimentalis et Applicata 27: 233–245.

Santos BF, Klopfstein S, Whitfield JB, Sharanowski BJ (2022): Many evolutionary roads led to virus domestication in ichneumonoid parasitoid wasps. Current Opinion in Insect Science 50: 100861.

Schärer P (1994): Analyse dichtebeeinflussender Faktoren beim Getreidehähnchen (*Oulema* sp., Chrysomelidae, Coleoptera). Agrarökologie 12. Haupt, Bern, Stuttgart, Wien, 132 pp.

Schmid-Egger C, Saure C (2010): Die Schmalbauchwespe *Gasteruption nigrescens* Schletterer, 1885, neu für Deutschland. Nachrichtenblatt der Bayerischen Entomologen 59: 40–43.

Seehausen ML, Afonso C, Jactel H, Kenis M (2021): Classical biological control against insect pests in Europe, North Africa, and the Middle East: What influences its success? NeoBiota 65: 169–191.

Sharkey MJ (2007): Phylogeny and Classification of Hymenoptera. Zootaxa 1668: 521–548.

Shaw MR (1987): Host associations of species of *Eulophus* in Britain (Hymenoptera: Eulophidae). Entomologist's Gazette 38: 59–63.

Shaw MR, Giannotta M, Herrera-Flórez AF, Klopfstein S (2021): Two males, one female: triplet-style mating behaviour in the Darwin wasp *Xorides ater* (Gravenhorst, 1829) (Hymenoptera, Ichneumonidae, Xoridinae) in the Swiss Alps. Alpine Entomology 5: 15–22.

Spradbery JP (1970): Host finding by *Rhyssa persuasoria* (L.), an ichneumonid parasite of siricid woodwasps. Animal Behaviour 18: 103–114.

Starý P (1983): The perennial stinging nettle (*Urtica dioica)* as a reservoir of aphid parasitoids (Hymenoptera, Aphididae). Acta entomologica bohemoslovaca 80: 81–86.

Starý P (1989): Aphelinidae. In: Minks AK, Harrewijn P (Eds), Aphids: their biology, natural enemies and control. World Crop Pests. Elsevier, Amsterdam, 185–188.

Starý P (1970): Biology of Aphid Parasites (Hymenoptera: Aphidiidae) with respect to integrated control. Series Entomologica, Vol. 6, Dr. W. Junk B.V., The Hague, 644 pp.

Stoner A, Weeks RE (1975): Effect of constant temperatures on magnitude of mixed broods, mortality, and sex ratios of *Copidosoma truncatellum* (Hymenoptera: Encyrtidae), a parasite of *Trichoplusia ni* (Lepidoptera: Noctuidae). Journal of the Kansas Entomological Society 48: 358–361.

Strand MR (2009): Chapter 208 – Polyembryony. In: Resh VH, Cardé RT (Eds), Encyclopedia of Insects (Second Edition). Academic Press, San Diego, 821–825.

Sullivan DJ (1987): Insect hyperparasitism. Annual Review of Entomology 32: 49–70.

Sutter L, Ganser D, Herzog F, Albrecht M (2021): Bestäubung von Kulturpflanzen durch Wild- und Honigbienen in der Schweiz: Bedeutung, Potential für Ertragssteigerungen und Fördermassnahmen. Agroscope, Zürich, 48 pp.

Sutter L, Herzog F, Dietermann V, Charrière J-D, Albrecht M (2017): Nachfrage, Angebot und Wert der Insektenbestäubung in der Schweizer Landwirtschaft. Agrarforschung Schweiz 8: 332–339.

UCD Community (2024): Universal Chalcidoidea Database Website. https://ucd.chalcid.org (Stand 22.11.2024).

Vidal S, Müller J, Schmidt S (2022): Critical checklist of the Chalcidoidea and Mymarommatoidea (Insecta, Hymenoptera) of Germany. Biodiversity Data Journal 10: e85582.

Viggiani G, Garonna AP (1986): Preliminary observations on the biology of *Archenomus orientalis* Silvestri (Hymenoptera: Aphelinidae), parasite of white peach scale (*Pseudaulacaspis pentagona* – Targ.-Tozz.). Bollettino del Laboratorio di Entomologia Agraria «Filippo Silvestri», Italy 43 (suppl.): 223–227.

Völkl W (1990): Fortpflanzungsstrategien bei Blattlausparasitoiden (Hymenoptera, Aphidiidae): Konsequenzen ihrer Interaktionen mit Wirten und Ameisen. PhD Thesis. Universität Bayreuth, 130 pp.

Völkl W, Kranz P (1995): Nocturnal activity and resource utilization in the aphid hyperparasitoid, *Dendrocerus carpenteri*. Ecological Entomology 20: 293–297.

Vorburger C (2011): Versteckte Helfer: Symbionten und ihr Einfluss auf Wirt-Parasit-Beziehungen bei Insekten. Vierteljahrsschrift der Naturforschenden Gesellschaft in Zürich 156: 89–97.

Vorburger C (2018): Symbiont-conferred resistance to parasitoids in aphids – Challenges for biological control. Biological Control 116: 17–26.

Wang S, Wang L, Liu J, Zhang D, Liu T (2021): Multiple mating of *Aphelinus asychis* enhance the number of female progeny but shorten the longevity. Insects 12: 823.

Werren JH (1997): Biology of *Wolbachia*. Annual Review of Entomology 42: 587–609.

Westrich P (1990): Die Bienen Baden-Württembergs. 2. Auflage. Ulmer, Stuttgart, 972 pp.

Widmer I, Mühlethaler R, Baur B, Gonseth Y, ..., Altermatt FM (2021): Insektenvielfalt in der Schweiz: Bedeutung, Trends, Handlungsoptionen. Zenodo https://doi.org/10.5281/zenodo.5144739.

van der Woude E, Smid HM (2017): Maximized complexity in miniaturized brains: morphology and distribution of octopaminergic, dopaminergic and serotonergic neurons in the parasitic wasp, *Trichogramma evanescens*. Cell and Tissue Research 369: 477–496.

Wyckhuys KAG, Orankanok W, Ketelaar JW, Rauf A, ..., Neuenschwander P (2021): Biological control: Cornerstone of area-wide-integrated pest management for the cassava mealybug in tropical Asia. In: Hendrichs J, Pereira R, Vreysen MJB (Eds), Area-wide integrated pest management. CRC Press, Boca Raton, 17–32.

Zeddies J, Schaab RP, Neuenschwander P, Herren HR (2001): Economics of biological control of cassava mealybug in Africa. Agricultural Economics 24: 209–219.

Zhang YM, Bossert S, Spasojevic T (2024): Evolving perspectives in Hymenoptera systematics: Bridging fossils and genomes across time. Systematic Entomology n/a. https://doi.org/10.1111/syen.12645

Zindel R, Gottlieb Y, Aebi A (2011): Arthropod symbioses: a neglected parameter in pest- and disease-control programmes. Journal of Applied Ecology 48: 864–872.

Zwakhals K (2010): Identification of Western Palearctic *Dolichomitus* species (Hymenoptera: Ichneumonidae: Pimplinae). Entomologische Berichten 70: 111–127.

Zwölfer H (1986): Insektenkomplexe an Disteln – ein Modell für die Selbstorganisation ökologischer Kleinsysteme. In: Drees A, Hendrichs H, Köppers G (Eds), Selbstorganisation – Die Entstehung von Ordnung in Natur und Gesellschaft. Piper Verlag, München, 181–217.

8 | Verdankungen

Bei der Bestimmung eines großen Teils der abgebildeten Wespen haben uns die folgenden Kolleginnen und Kollegen geholfen: Seraina Klopfstein (Darwinwespen), Martin Schwarz (Spinnenparasitoide), Rebecca Kittel (Brackwespen), Stefan Vidal, Gérard Delvare, Mark Shaw (Erzwespen), Tim Haye, Peter N. Buhl (Platygastroidea), George Melika (Gallwespen), Paolo Rosa (Goldwespen) und Jakob Walter (parasitierte Spinnen).

Für die Habitus-Zeichnungen der einzelnen Familien konnten wir Exemplare aus den Naturhistorischen Museen von Bern und Basel verwenden. Außerdem danken wir Aline Fauser für die Zusendung der Aphelididae und Trichogrammatidae aus den Zuchten der AGROLINE Bioprotect, fenaco Genossenschaft in Aesch (BL). Bei der Bestimmung der Ceraphronoidea half uns Ralph S. Peters, und die Mymaridae wurde von Serguei V. Triapitsyn bestimmt. Jessica Awad danken wir für die Bestimmung der Platygastridae.

Die Autoren danken folgenden Institutionen und Unternehmen, die mit Druckkostenbeiträgen die Herausgabe dieses Buches ermöglicht haben:

Andermatt Biocontrol Suisse AG	Andermatt Biocontrol Suisse
Bundesamt für Umwelt BAFU	Schweizerische Eidgenossenschaft Confédération suisse Confederazione Svizzera Confederaziun svizra Bundesamt für Umwelt BAFU
Burgergemeinde Bern	Burgergemeinde Bern
Ernst Göhner Stiftung	ERNST GÖHNER STIFTUNG
Lotteriefonds Kanton Thurgau	Thurgau Lotteriefonds

9 | Register

Fett gesetzte Seitenzahlen verweisen auf Abbildungen.

Siegfried Keller (*1943) studierte Agrarwissenschaften an der Eidgenössischen Technischen Hochschule in Zürich und doktorierte am dortigen Entomologischen Institut. Bis zu seiner Pensionierung forschte er an der Eidgenössischen Forschungsanstalt Agroscope Zürich-Reckenholz im Bereich biologische Schädlingsbekämpfung. Er war Lehrbeauftragter an der ETH Zürich und Gastdozent an der BOKU Wien.

Hannes Baur (*1964). Ausbildung zum Primarlehrer in Bern. Ab 1991 wissenschaftlicher Mitarbeiter am Naturhistorischen Museum Bern, ab 2016 Kurator Entomologie im Bereich Forschung (Taxonomie), Sammlungsbetreuung und Öffentlichkeitsarbeit. Diverse wissenschaftliche Publikationen, u.a. über Heuschrecken, Erzwespen und Morphometrie. Als Dozent der Universität Bern leitet er Exkursionen und Kurse.

Armin Coray (*1955) ist wissenschaftlicher Zeichner. Seit 1979 ist er freier Mitarbeiter am Naturhistorischen Museum Basel. Er war Dozent für Tuschzeichnen an den Kunsthochschulen von Zürich (1986–2020) und Luzern (2007–2021). Er hält Vorträge, ist an Ausstellungen beteiligt und Autor diverser entomologischer Publikationen. 2018 verlieh ihm die Universität Basel den Titel eines Ehrendoktors.

1. Auflage: 2025

ISBN 978-3-258-08378-0

Umschlaggestaltung, Gestaltung und Satz: pooldesign.ch
Lektorat: Grit Zacharias, D-Leipzig
Fotografien: Siegfried Keller
Illustrationen: Armin Coray

Umschlagabbildungen
Vorne: *Telenomus* sp. parasitiert das Ei eines Eulenfalters.
Hinten: *Torymus bedeguaris* (Zeichnung: Armin Coray)

Wir drucken mit mineralölfreien Farben und verwenden FSC®-zertifiziertes Papier.
FSC® sichert die Nutzung der Wälder gemäß sozialen, ökonomischen und ökologischen Kriterien.

FSC
www.fsc.org
MIX
Papier | Fördert gute Waldnutzung
FSC® C010798

Gedruckt in der Tschechischen Republik

Diese Publikation ist in der Deutschen Nationalbibliografie verzeichnet.
Mehr Informationen dazu finden Sie unter http://dnb.dnb.de.

Der Haupt Verlag wird vom Bundesamt für Kultur für die Jahre 2021–2025 unterstützt.

Wir verlegen mit Freude und großem Engagement unsere Bücher. Daher freuen wir uns immer über Anregungen zum Programm und schätzen Hinweise auf Fehler im Buch, sollten uns welche unterlaufen sein. Falls Sie regelmäßig Informationen über die aktuellen Titel im Bereich Natur & Garten erhalten möchten, folgen Sie uns über Social Media oder bleiben Sie via Newsletter auf dem neuesten Stand.

Haupt Verlag AG
Falkenplatz 14
3012 Bern
SCHWEIZ
herstellung@haupt.ch
www.haupt.ch

Verantwortlich in der EU (GPSR):
Brockhaus Kommissionsgeschäft GmbH
Kreidlerstr. 9
70806 Kornwestheim
DEUTSCHLAND
haupt@brocom.de